女四書集注

〔漢〕班　昭等　撰
李志生等　點校

中華書局

圖書在版編目(CIP)數據

女四書集注/(漢)班昭等撰;李志生等點校. —北京:中華書局,2023.7
ISBN 978-7-101-16243-1

Ⅰ.女… Ⅱ.①班…②李… Ⅲ.女性-修養-中國-古代 Ⅳ.B825

中國國家版本館 CIP 數據核字(2023)第 103775 號

責任編輯:陳若一
責任印製:管　斌

女四書集注
〔漢〕班　昭等 撰
李志生等 點校

*

中華書局出版發行
(北京市豐臺區太平橋西里 38 號　100073)
http://www.zhbc.com.cn
E-mail:zhbc@zhbc.com.cn
三河市鑫金馬印裝有限公司印刷

*

850×1168 毫米 1/32 · 10⅜印張 · 2 插頁 · 200 千字
2023 年 7 月第 1 版　2023 年 7 月第 1 次印刷
印數:1-4000 册　定價:58.00 元

ISBN 978-7-101-16243-1

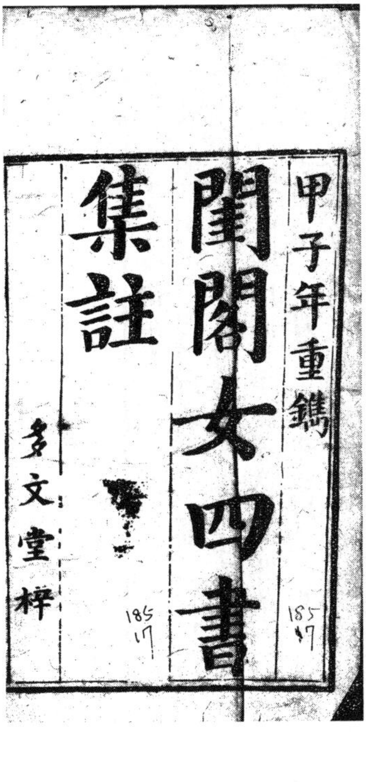
甲子年重鐫
閨閣女四書集註
多文堂梓

多文堂刊本閨閣女四書集注第一册牌記

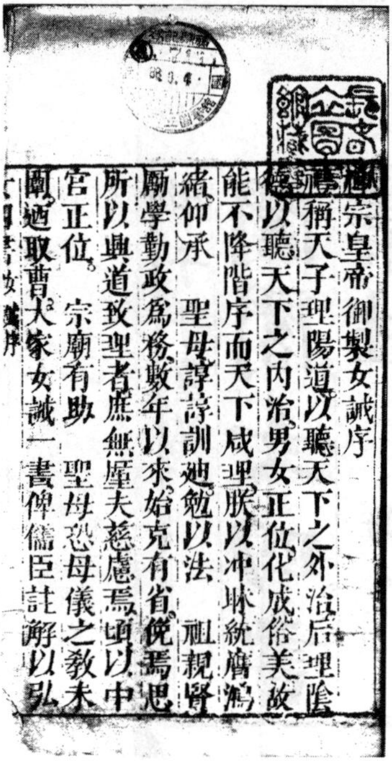
宗皇帝御製女誡序
稱天子理陽道以聽天下之外治后理陰
德以聽天下之內治男女正位化成俗美故
能不降階序而天下咸理朕以冲昧統膺鴻
緒仰承　聖母諄諄訓廸勉以法　祖親賢
勵學勤政爲務數年以來始克有省俛焉思
所以興道致理者庶無違夫慈慮焉頃以中
宮正位。　宗廟有助　聖母恐母儀之教未
闡迺取曹大家女誡一書俾儒臣註解以弘
女四書女誡序

多文堂刊本閨閣女四書集注内文

女孝經圖開宗明義章（北京故宫博物院藏）

小十三經本女孝經內文

唐進女孝經表

唐朝散郎陳邈妻鄭　氏　上

妾聞天地之性貴剛柔焉夫婦之道重禮義焉仁義禮智信者是謂五常五常之教其來遠矣總而爲主實在孝乎夫孝者感鬼神動天地精神至貫無所不達蓋以夫婦之道人倫之始考其得失非細務也易著乾坤則陰陽之制有別禮標羔鴈則伉儷之事實陳妾每覽先聖垂言觀前賢行事未嘗不撫躬三復歎息久之欲緬想餘芳遺蹤可躅妾姪女特蒙天恩策爲永王

目録

女孝經

整理弁言

中國古代的女教出現很早，女教書的撰寫約始於秦漢時期，此後，女教著作迭出，女四書就是其中最重要的著作之一。

女四書是明末清初儒生王相彙編且箋注的一部女教叢書，它收入了東漢班昭的女誡、明成祖徐皇后的内訓、唐宋若昭（今多題宋尚宫）的女論語和王相母劉氏的女範捷録。日本也有另版女四書，所收之書與中國通行的女四書有異，它以唐人鄭氏的女孝經，替代了劉氏的女範捷録。

王相，字晉升，號訒菴，瑯琊人，生卒年月不詳，約生活在明末至清康熙年間。除女四書外，王相還爲其他多種童蒙書籍作注，如三字經、百家姓、千家詩等。女四書的成書時間不晚於康熙二十三年（一六八四），因這一年中，多文堂已據金陵奎壁齋刊本翻刻了王相的閨閣女四書集注。

女四書自成書後，就得到了世人的高度認同和推許，流傳甚廣，對晚明至近代的女子影響深遠，對此，早期婦女歷史學家陳東原，就曾以批判的態度説過：「（女四書）流毒所及，一直到近代，幾乎每一個讀書的女子，啓蒙時都曾讀過。」〔一〕

女四書所收各書的成書時間不同，内容有别，影響各異，流傳也各自有序，下面就簡要地分别做一叙述。

女誡

女誡一卷，東漢班昭撰。班昭（約四九—約一二〇），字惠班，一名姬，扶風安陵人。出自世代簪纓詩禮之家。父班彪續史記，兄班固撰漢書。嫁同郡曹世叔，世叔早卒，此後守節自貞，撫育教養一子諸女。曾被和帝召入宫中，以爲皇后、貴人之師，受尊曹大家。和帝鄧皇后親從其習學儒家經傳、天文曆算。鄧太后臨朝，還使她參决政事。班昭博學多才，在史學和文學上多有造詣。兄班固撰漢書未竟而亡，和帝「詔昭就東觀臧書閣踵而成之」，續成漢書表及天文志；「所著賦、頌、銘、誄、問、注、哀辭、書、論、上疏、遺令，凡十六篇」〔二〕，現存女誡和漢書表、志，女誡並被范曄全文收於後漢書中。

女誡前有序，正文七章，分别爲卑弱、夫婦、敬慎、婦行、專心、曲從與和叔妹。

女誡作於班昭晚年，其序云：「但傷諸女方當適人，而不漸訓誨，不聞婦禮，懼失容它門，取恥宗族。吾今疾在沈滯，性命無常，念汝曹如此，每用惆悵。間作女誡七章，願諸女各寫一通，庶有補益，裨助汝身。去矣，其勖勉之！」〔三〕因此，女誡是爲誡女之文、家訓之書，即作爲母親的班昭，希望藉此書，告知即將出閣的女兒們討得公婆、丈夫歡心的法門，它是母親對女兒的梯己之言，傳遞的是母親的人生經驗與生活實用技巧。班昭在如履薄冰中，走過了自己的婚姻之路，女誡通篇傳遞的是女人卑弱、小心做人的信息，這也是班昭對個人經歷的總結。

當然，女誡的成文還有更廣闊的社會背景：一是儒家思想已成爲其時意識形態的主導思想；二是東漢以來世家大族的發展。薰染於儒家文化中的班昭，自不能脱離其時的主導意識形態，她的女誡，貫穿的就是儒家「夫爲妻綱」「男尊女卑」的基本思想。對於東漢以來世家大族的發展和士族化，女誡也有所反映，班昭在女誡序中就説，她著女誡，是「懼（女兒）失容它門，取恥宗族」；她所立的「和叔妹」一章，也針對的是叔嫂、姑嫂同居的大家族。

女誡原本爲班昭給女兒們的私人著述，後或在大儒馬融的推動下，得以外傳。馬融與班昭同郡，「漢書始出，多未能通者，同郡馬融伏於閣下，從昭受讀，後又詔融兄續繼昭成之」。班、馬兩家學術淵源深厚且關係密切，因此，班昭撰成女誡後，馬融得以見之，史載，馬融「善之，令妻女習焉」〔四〕。但在女誡初成時，班昭所宣揚的女德，並不爲當時人所完全接受，班昭的小姑就曾提出質疑；而馬融雖令妻女習學，但其女馬倫就並未遵從女誡的婦德要求，而毫不掩飾自己的「才明絶異」和「辯口利辭」。

南朝時，女誡的影響漸大。至唐朝，此書的影響更顯，像兩部唐時成書的女教著作女孝經和女論語，都以班昭爲女聖人，「以曹大家爲主」〔五〕。明時，女誡更是得到了皇帝的贊賞，神宗稱「此書簡要明肅，足爲萬世女則之規」，並於萬曆八年（一五八〇），命儒臣注解，以教誡宫闈，且「使民庶之家，得以訓誨女子」〔六〕。清人陳宏謀所著教女遺規，雖收入了多部女教書，但仍以女誡爲首，對此，陳宏謀言道：「懲驕惰於未萌，嚴禮法於不墜，貴賤大小，莫不率由，以是爲百代女師可也，故列諸卷首，以爲教女者則焉。」〔七〕

女誡受到後人高度推崇的原因大略有三：一、它是首部闡明義理類的女教著作，後世的此類女教書，多承其基本思想，或補其不足，或發揮其要旨。二、此書是儒家社會性別體系建立過程中的重要一環。西漢中期，董仲舒的春秋繁露首次將男女與陰陽、尊卑聯繫起來；西漢末年，劉向以記傳行實的列女傳，突出了女從於男、男性中心化的思想；東漢章帝時的白虎通義，則對此前的儒家社會性別理論，做了總結性闡釋，「三綱」「三從」、男尊女卑、内外有别、從一而終等，都得以理論化和系統化，所以白虎通義對此後婦女社會角色的定位，具有里程碑式的意義。而班昭的女誡，將白虎通義的性别理論具體化與實踐化，使婦女在日常生活中更易把握。三、班昭作女誡的初衷是母親教導女兒，這是一種家庭意義上的女性文化傳承。而從更廣闊的時空看，被稱爲「萬世女則之規」的女誡，形成的是一個更大的女性文化鏈條。在班昭以後，又有衆多婦女作者寫出了女教著作，且其思想對女誡多有承繼。如此，班昭則又是中國古代婦女書寫女教，以教育下一代女子這一女性文化的奠基人。

女誡在流傳過程中，逐漸形成了兩個重要系統，一是後漢書系統，因作爲正史的後漢書屢被刊刻，故女誡亦隨之出現多個刊本，且若干家訓叢書中的女誡，亦來自這一系統。二是王相箋注的女四書系統，此系統的女誡文字與後漢書系統差異較大，兩個系統甚至不便合校爲一書，故本書將分爲兩個系統進行點校。

内訓

内訓一卷，明仁孝皇后徐氏撰。徐氏（一三六二—一四〇七），明成祖朱棣皇后，明開國功臣、中山王徐達長女。明太祖洪武九年（一三七六），受册爲燕王妃；永樂元年（一四〇三），受册爲皇后。徐氏「幼貞静，好讀書，稱女諸生」〔八〕，在明代后妃中著述最多，著有勸善嘉言、勸善感應、貞烈事實、高皇后傳及内訓等。

關於撰寫内訓的緣由，徐皇后在内訓序中談道：「高皇后教諸子婦，禮法唯謹」，「吾思備位中宫，愧德弗似，歉於率下，無以佐皇上内治之美，以忝高皇后之訓」。高皇后，即被謚爲孝慈高皇后的明太祖朱元璋皇后馬氏。内訓首先是得益於馬皇后的教誨並受其啟發，對此，徐皇后直言：「仰惟我高皇后教訓之言，卓越往昔，足以垂法萬世。吾耳熟而心藏之，乃於永樂二年冬，用述高皇后之教以廣之，爲内訓二十篇，以教宫壼。」除此，内訓的撰作，還因徐皇后不滿於其時的女教書内容，從而希望編著一本新的女教全書：「獨女教未有全書，世惟取范曄後漢書曹大家女戒（即女誡）爲訓，恒病其略。有所謂女憲、女則，皆徒有其名耳。近世始有女教之書盛行，大要撮曲禮、内則之言，與周南、召南、詩之小序及傳記而爲之者。」〔九〕

内訓前有序，正文二十篇，分别爲德性、修身、慎言、謹行、勤勵、警戒、節儉、積善、遷善、崇聖訓、景賢範、事父母、事君、事舅姑、奉祭祀、母儀、睦親、慈幼、逮下、待外戚。對於内訓的内容，有學者批其分類不清，思想混亂。從内訓的篇名和内容看，此論有理。造成內訓思想混亂的原因主要有兩點：一、雖然徐皇后稱其書是爲訓誡宮壼而作，但因她認爲前人所修女教著作過於簡略，所以在此著中，便極力撮合、雜糅前人女教著作的内容。如此，就使此書呈現了文字多且内容亂的特點。二、徐皇后出身農家，她的思想與其出身和經歷有關。明史記，徐達「世業農。達少有大志……太祖之爲郭子興部帥也，達時年二十二，往從之，一見語合」〔一〇〕。徐皇后八歲前隨父長於民間，對下層於婦德的要求有所瞭解。十四歲被册爲燕王妃，始入王宫。在王宫中，又多受教於馬皇后，而馬皇后也出自下層。因此我們看到，在内訓中，既有明顯的後宫色彩内容，也有看似非常平民化的婦德要求。

當然，内訓的内容也有特别值得關注之點。如徐皇后生活於高度提倡貞節的明初，但内訓却並未對此展開正面論述，因而，有學者認爲此書具有進步性。但對此我們應做具體分析。史載，明太祖曾下詔：「凡民間寡婦，三十以前夫亡守制者，五十以後不改節者，旌表門閭，除免本家差役。」〔一一〕此詔令清楚指明，鼓勵守節的對象是「民間寡婦」，也即在明太祖的思想中，已假定皇室、官宦婦女的守節不存在問題，無需再予鼓勵。徐皇后的内訓未提及貞節，沿襲的也應是這一思路。

内訓成於永樂三年（一四〇五），起初僅「示皇太子諸王」。永樂五年（一四〇七）徐皇后去世，爲追念皇后，「成祖乃出后内訓、勸善二書頒賜臣民」〔一二〕。其後，此書廣爲刊刻，至明末清初，王相將其收入女四書。

内訓自成書以來，主要以官方刊刻爲主，而官方刊印又主要由司禮監和藩王府主持，其刊刻、流傳穩定有序。另外，内訓初成不久，其正文之間，便開始夾雜小注，但注文爲何人所作，至明中葉時便已不爲人知曉。而王相箋注女四書，對内訓原文做了較大改動，顛倒第六章警戒和第七章節儉順序，又將原注剔除，代之以己之注釋。爲方便讀者瞭解内訓流傳的兩系統，本書同樣分兩系統，對之進行點校。

女論語

學界對女論語多有争議，舉凡作者、内容、章節、版本等，都有歧説歧義。流傳至今的女論語，或有序傳，或無序傳。正文十二章，分别是立身、學作、學禮、早起、事父母、事舅姑、事夫、訓男女、營家、待客、和柔、守節。文字爲淺顯易懂的四言韻文，屬義理類的女教著作。

女論語的著者或單題宋尚宫、宋若昭，或並題宋氏姐妹。依舊唐書后妃傳，宋若昭爲貝州清陽人，父庭芬，生五女，長曰若莘，次曰若昭、若倫、若憲、若荀。貞元四年（七八八），昭義節度使李抱真上表薦舉，德宗並召五女入宮，「試以詩賦，兼問經史中大義，深加賞歎」。此後，若莘、若昭、若憲先後任尚宮之職，凡歷德、順、憲、穆、敬、文六帝。五姊妹中，若昭「尤通曉人事，自憲、穆、敬三帝，皆呼爲先生，六宮嬪媛、諸王、公主、駙馬皆師之，爲之致敬。進封梁國夫人」。

關於女論語的著者與體例，舊唐書尚宮宋氏傳（已下簡稱舊傳）記：「若莘……著女論語十篇，其言模仿論語，以韋逞母宣文君宋氏代仲尼，以曹大家等代顏、閔，其間問答，悉以婦道所尚。若昭注解，皆有理致。」〔一三〕新唐書尚宮宋若昭傳（已下簡稱新傳）所記與此略同。但對於作者，新唐書藝文志的記載則是：「尚宮宋氏女論語十篇。」〔一四〕宋時，宋尚宮一般特指宋若昭，如此，正史記載就發生了牴牾。而對於這一牴牾，清代學者早已有所關注。時至今日，學界對女論語作者和内容的争論仍然未已。綜括起來，主要論點有：

一、因無法釐清作者，胡文楷的歷代婦女著作考，將女論語的作者並題爲宋若莘、宋若昭〔一五〕。

二、謝無量的中國婦女文學史認爲，今日所傳之女論語，序傳爲宋若昭的申釋之文，十二章則爲宋若莘所著〔一六〕。

三、高世瑜認爲，現存女論語是若昭對若莘女論語的申釋之文，故爲四言韻文，通俗易懂，易在民間流傳。久之原作亡佚，釋文流傳，而被當作女論語原文。高氏還認爲，現存女論語的自序和後兩章和柔和守節，爲後人所補〔一七〕。

四、山崎純一認爲，女論語實爲薛蒙妻韋氏所撰續曹大家女訓，後人借宋尚宫之名而附會之，以增其身價〔一八〕。

五、黄麗玲認爲，今傳女論語前十章遣詞造句淺鄙，不類士族婦女口吻，應爲坊間士人仿若昭行文體式而作；序傳則爲若莘原作；後兩章因文辭高潔雅正、語氣温婉，應爲若昭申釋之文〔一九〕。

近年新出有宋若昭墓誌，但對於女論語的作者和篇幅，此誌不但無補於史記，反而使其更加複雜化。墓誌記：「府君有五女，咸酷嗜文學，貫穿墳史，約先儒旨要，撰女論語廿篇。」〔二〇〕其似言女論語爲五女共作，且篇數亦增至二十。

對於女論語的相關争議，我們的意見是：

一、女論語各方面複雜情況的出現，當因其在流傳過程中出現過斷裂所致。我們看到，晚唐直至宋元時期，各類目録書籍對女論語的記載寥寥無幾。從文獻流傳的角度來説，記載的斷裂使我們有理由推測，女論語在成書之後，可能一度失傳，明代又重新出現，再被明清兩代學者編入多部叢書中。

二、序傳恐爲後人所補。因兩唐書明確記，女論語是以韋逞母宣文君宋氏代仲尼，以曹大家等代顔、閔，今序則以曹大家爲主，其與史傳記載不符。

三、因未有其他反證材料，故認同兩唐書、特别是新唐書藝文志的記載，以女論語爲尚宫宋若昭的申釋之文。

四、關於今傳的女論語爲十二章，而與兩唐書記載不符的問題，我們認爲，今傳女論語十二章，均爲宋若昭所作，前十章爲若昭申釋若莘女論語十篇之文，後兩章則是若昭對自己全部申釋之文的總結，故提綱挈領，多義理，少實踐。初行時，此兩章應未納入十篇中。在此需注意，兩唐書對女論語的篇幅均記爲十篇，而非十章。由此也可推測，在流傳過程中，十篇被代爲了十章，而十篇後的總結之文，也被分别冠以了十一章和十二章。

五、關於宋若昭墓誌的記載。此誌爲「從任朝議郎守中書舍人翰林學士上柱國賜紫金魚袋申錫撰」，但宋若昭與宋申錫是否爲親族，並無史料記載，二人的同族親戚關係，或許僅是利益之下的攀附。故宋申錫對宋若昭姊妹早年撰作之事，並不完全瞭解，僅途聞大略而已。

關於女論語的寫作時間，兩唐書將其置於宋氏姐妹入宫之前，也即其在貝州家鄉時。宋氏姐妹寫作的這一民間背景，也對女論語的内容産生了重要影響。此書首開教化下層民間婦女之端，也開創了以通俗韻文講述儀禮規則的女教著述新形式，這些都顯示了中古以後，女教逐漸下移和平民化的端倪。

女論語在相當長的時間裏，流傳並不廣。因其缺乏主軸流傳系統，所以我們看到，目前流傳於世的重要女論語版本，文字多存差別。爲方便讀者參考，本次也將女論語分爲兩個系統進行點校，一是對三個女論語流傳系統的文字進行匯校，各本的文字差異，列於校勘記中；另一版則是專對女四書流傳系統女論語的點校。

女範捷録

女範捷録，明人劉氏著。劉氏，江寧人，生卒年月不詳，女四書作者王相之母。年三十而夫亡，守節六十年，故又稱王節婦，南京禮部尚書王光復、大中丞鄭潛庵，都曾旌表其門。劉氏熟稔典籍，善屬文，著有古今女鑑、女範捷録等。

女範捷録前有王相爲母所寫小傳，正文十一章，分别爲統論、后德、母儀、孝行、貞烈、忠義、慈愛、秉禮、智慧、勤儉、才德。每章的結構分爲三部分，第一部分爲立論，第二部分爲典型事例，以證其論點，第三部分爲祈使語，勉勵女子以此自勵。此書屬集記傳與義理於一體類的女教著作。

雖然女範捷録對女子教育的中心，仍是傳統的倫理綱常，但較女四書中的其他諸書，仍有自己的特色。第一，它雖也以儒家綱常爲「正内之儀」，但並未如女誡那般，將女子界定在卑弱、曲從的位置上；也未像女論語一樣，申述「立身之法，惟務清貞」。而是强調女子雖處内闈，仍當關注國家大義，「古云率土莫非王臣，豈謂閨中遂無忠義？」第二，强調男女都應忠君爲國，女子更應襄助夫、子盡忠效國。在女範捷録中，劉氏單辟專篇忠義，闡釋女子忠君報國的重要性及助勉夫、子盡忠的方式。她還以具體事例，説明忠君的幾種表現形式。與女四書其他諸書相較，劉氏的忠君爲國思想，表明她的女教思想關照層面更高。對於勸夫、助夫，女誡未發一言；女論語對於夫、子的勸導，也僅止於生活層面。第三，對貞、烈的高度認同。劉氏認爲，女子必須「一與之醮，終身不移」，爲此不惜自殘、自殺以明志。當然，除此而外，劉氏還關注國之層面的「烈」。對於「貞」和「烈」，劉氏的定義是：「艱難苦節謂之貞，慷慨捐生謂之烈。」劉氏以爲，「忠臣不事兩國，烈女不更二夫」，將女子改嫁與臣事兩君，都視爲罪大惡極。貞烈觀在明代得到統治者的大力提倡，劉氏的這些論議，也表明了其時女子對這些觀念的内化與認同。第四，劉氏重女子的文化教育。在才德篇開章，劉氏即對「女子無才便是德」之説提出批評：「男子有德便是才，斯言猶可；女子無才便是德，此語殊非。」劉氏認爲，通過文化教育，女子能夠成爲「有智婦人」；而「有智婦人，勝於男子」；有「明識」的婦人，更能夠「知人免難，保家國而助夫子」〔二一〕。由此可見，在女子的人生責任界定、道德人格建設、才華發展等方面，女範捷録是有值得肯定之處的。

女範捷録自成書後，便以女四書之一的形式流傳於世。清時，女四書的影響更是巨大，女範捷録也隨之成爲最著名的女教書之一，對規範女德起了重要作用，清人周中孚的評價就是：「行文純乎駢體，所以便女子之成誦也。晉升所注，亦復淺顯易曉。如劉氏者，誠不愧乎爲母師矣。」〔二二〕

隨著女四書的傳播，女範捷録被廣泛刊刻，其版本流傳清晰有序。

女孝經

女孝經，唐鄭氏撰。鄭氏，生卒年月不詳。夫爲朝散郎侯莫陳邈，朝散郎爲從七品上散官。夫之女侄被册永王妃，鄭氏因作此書。永王是爲玄宗第十六子，母爲郭順儀，郭順儀爲劍南節度尚書郭虚己之妹；永王妃父爲侯莫陳超，其爲北衙禁軍中的右羽林軍長。

女孝經隨中國文化東傳至日本，並在女四書傳入後，被納入女四書之中。日本有兩種版本的女四書，一是王相版的女四書，其由女誡、内訓、女論語、女範捷録構成；二是明曆二年（一六五六）辻原元甫改編的女四書，他以女孝經替代了女範捷録，亦名之爲女四書。有鑒於此，本書也將女孝經一併收入，予以點校。

女孝經前有進女孝經表，正文十八章，分别爲開宗明義章、后妃章、夫人章、邦君章、庶人章、事舅姑章、三才章、孝治章、賢明章、紀德行章、五刑章、廣要道章、廣守信章、廣揚名章、諫諍章、胎教章、母儀章、舉惡章。仿孝經體例，七篇篇名與孝經同，其他諸篇或與孝經相對，或以婦德、婦職的特點爲依據。此書屬集記傳與義理於一體類的女教著作。

鄭氏撰寫女孝經的原因有三：一、因夫之女侄被册爲永王妃，其爲教導永王妃而作。侯莫陳氏於開元二十六年（七三八）正月受册爲王妃，故女孝經的撰作當在此後。二、迎合唐玄宗重孝、重視孝經的旨趣。玄宗曾於開元十年（七二二）和天寶二年（七四三），兩度親爲孝經做注。清人朱彝尊將女孝經歸爲「擬經」之作〔三〕，這也點明了女孝經與孝經的關係。三、撰寫女孝經爲永王妃家人的一項政治謀略。永王不爲玄宗所愛，永王妃父北門禁軍之長的職任，亦不爲時人所重。爲扭轉對禁軍之人文化修養低的成見，更爲突出永王妃的與衆不同，改變永王於宫中的不利地位，鄭氏以撰寫女孝經爲間接奥援，以提升永王和永王妃在玄宗心中的位置。

女孝經爲教導女侄的撰寫初衷，也決定了此書所言的婦德内容。此書闡述的是出嫁婦（非在室女）的婦德構成，而出嫁婦又以階層和人生階段（后妃和庶人、爲妻和爲母等）分論。在孝道發展史上，女孝經的出現，具有重要性别意義，它彌補了孝經中的女性性别缺失，爲女子、特别是出嫁婦，指明了行孝的大方向與盡孝的具體門徑。但女孝經在章節内容的安排上，特别是分論爲婦之道的九章，主題或不夠鮮明，或前後重複，有顯凌亂。

女孝經在流傳的初期，主要以其衍生物女孝經圖的形式流傳，宋代曾出現多家女孝經圖，而在這些女孝經圖上，也一併抄有女孝經的文字，從某種意義上講，這些女孝經圖抄録的文字，也可被視作女孝經的抄本。明時，女孝經被收入多部叢書予以刊刻，影響漸大，終至在日本被收入女四書。目前見到的諸本女孝經，基本都是白文，注解鮮見，僅有的一、二種注本，也構不成流傳體系，故本書點校的女孝經，也是白文無注。

關於諸書的具體流傳及版本情況，請參見各書點校説明及附録一相關研究論文。

縱觀女四書，無疑貫穿的是儒家的男尊女卑性别觀，但除此之外，女四書也並不乏有價值之處。

首先，從東漢到近代漫長的歷史歲月裏，作爲女子的教育讀物，無論是被收入後漢書的女誡，還是到最後彙編諸書而成的女四書，這些著作都對塑造傳統中華女子人格，起了不可忽視的重要作用。單從這一點來講，女四書就具有深遠的歷史價值和豐富的研究内涵。

其次，作爲最重要的女教著作之一，女四書是其時衆多女子開蒙教育的首選，而幾部著作的豐富知識構成，也確實起到了提高女子文化水準的作用。以女孝經爲例，它使用了包括孝經、周易、詩、書、儀禮、禮記、左傳、列女傳、漢書等在内的二十六種典籍；再如女論語，它使用的古籍雖少於女孝經，但也有十九種之多，其中還包括了世説新語、齊民要術、顏氏家訓等重要歷史著作。而配以各種注文，特别是王相的箋注，閲讀女四書的女子們，無疑會從中學習到豐富的傳統文化知識，對提高女子的文化水準，起到推動作用。

再次，作爲女子教育讀物，女四書被廣泛地傳播與閲讀，它所提倡的女教觀，則被衆多女子内化與實踐。傳統女教爲女子樹立的人生目標，就是要建立一個和諧家庭，而這一和諧家庭，又與家國的興旺有著密不可分的關係。古言，修身、齊家、治國、平天下，身修、家齊是國興的重要基礎。女四書强調，女子當尊老愛幼、夫妻和睦、教導子孫、善管家務，爲維護家庭的穩定，女子更應具備温良、寬容、仁慈、堅韌的品德。時至今日，這些女訓對我們建立和諧社會，也仍有重要借鑒作用。當然，我們也必須强調，女德教育並非是對女子一性的單方面要求，它更是男女兩性共建道德的組成之一。

又次，女四書中還有著「豈謂閨中遂無忠義」〔二四〕的女子亦應鐵肩擔道義的豪情；更有著在「女無外事」社會中，「願以藝學揚名顯親」〔二五〕的壯志。女性作者與女性讀者之間的思想傳承，還造就了中國古代社會的一類獨特女性文化。女四書發展過程中的兩性互動，也值得特別關注。女四書的作者内化了男性父權理論，以同性之經驗教育女子，也更能爲女性讀者所接受；男性士大夫則成爲傳播女四書的主要力量，我們看到，女四書的彙集與箋注者就是王相，並且舉凡女四書的雕版、刻印等等，也均爲男性。

總之，女四書不但有助於認識、瞭解中國古代的兩性道德，更可使我們深化認識古代女子的家庭觀、社會觀及對同性的認識，還可由之看到兩性關係互動的具體情狀。

目前，女四書的版本頗爲複雜，本着有助學人取其精華、批其糟粕的初衷，我們決定點校此書。

此次的女四書整理，我們首先對王相編注的女四書集注作了集中校注；同時，也對入選爲日本女四書之一的女孝經作了校注。另外，在王相女四書成書之前，女誡、内訓和女論語就已流傳於世，所以，它們各自都有之前的另外流傳體系，此次，我們也將三書之前的流傳版本，進行校注或匯校，供讀者參考。

本書整理工作大致依據以下體例進行：

一、各書所引之文皆核對原書，引述文字有别而語義無誤者，不改不出校；引述有誤者，酌情改正並出校記。

二、除女論語（匯校本）外，其他諸書凡底本無誤、他本有誤者，不改不出校，底本有誤、他本正確者，改正並出校記。

三、明顯的板刻譌字徑改，俗體字徑改爲正字，避諱字涉及人名、年號等專有名詞時，回改但不出校記，其他一般不做改動。

本書由李志生、王丹妮、車佳敏、雷亞倩點校、撰寫，李志生覆校和統閲。版本調查過程中，承蒙多方關照，特别是長春市圖書館，在閲讀、掃描版本方面，都給予了大力支持，在此特致謝忱。

本書存在的疏漏與錯誤，懇請讀者批評指正。

李志生

二〇二二年一月

注　釋

〔一〕陳東原中國婦女生活史，商務印書館，一九九八年，頁二八一。
〔二〕後漢書卷八四列女傳曹世叔妻，中華書局，一九六五年，頁二七九二。
〔三〕後漢書卷八四列女傳曹世叔妻，頁二七八六。
〔四〕後漢書卷八四列女傳曹世叔妻，頁二七八五、頁二七九二。
〔五〕女孝經序，明嘉靖小十三經刊本。
〔六〕神宗皇帝御制女誡序，清初奎壁齋女四書集注刊本。
〔七〕陳宏謀教女遺規女誡，收入氏著五種遺規，清乾隆初年培遠堂刻本。
〔八〕明史卷一一三后妃傳一成祖仁孝徐皇后，中華書局，一九七四年，頁三五〇九。
〔九〕明成祖仁孝徐皇后内訓序，臺北故宮博物院藏永樂内府本。
〔一〇〕明史卷一二五徐達傳，頁三七二三。
〔一一〕明會典卷二二户部七諸司職掌明令、卷七八禮部三七旌表大明令，文淵閣四庫全書本。
〔一二〕永瑢等四庫全書總目提要卷九三子部三儒家類三，中華書局影印浙江書局本，一九六五年，頁七九〇。
〔一三〕舊唐書卷五二后妃傳下女學士尚宫宋氏，中華書局，一九七五年，頁二一九八。

〔一四〕新唐書卷四八藝文志二，中華書局，一九七五年，頁一四八七。

〔一五〕胡文楷歷代婦女著作考，上海古籍出版社，一九八五年，頁二二。

〔一六〕謝無量中國婦女文學史，臺北中華書局，一九七九年，頁一九九。

〔一七〕高世瑜宋氏姐妹與女論語論析——兼及古代女教的平民化趨勢，鄧小南主編唐宋女性與社會，上海辭書出版社，二〇〇三年，頁一四二—一四八。

〔一八〕山崎純一關於唐代兩部女訓書女論語、女孝經的基礎研究，鄧小南主編唐宋女性與社會，頁一五九—一六二。

〔一九〕黄麗玲女四書研究，臺灣南華大學碩士學位論文，二〇〇三年。

〔二〇〕大唐内學士廣平宋氏墓誌銘并序，中華石刻唐代墓誌銘數據庫。亦請參見趙力光、王慶衛新見唐代内學士尚宫宋若昭墓誌考釋，考古與文物二〇一四年第五期，頁一〇二—一〇三。

〔二一〕劉氏女範捷録，清初奎壁齋女四書集注刊本。

〔二二〕周中孚鄭堂讀書記卷三七子部一之下，中華書局，一九九三年，頁一七八—一七九。

〔二三〕朱彝尊經義考卷二七九擬經十二，許維萍等點校，臺灣「中研院」中國文哲研究所籌備處，一九九七年點校補正版，頁三六九、頁三八三—三八四。

〔二四〕劉氏女範捷録忠義篇，清初奎壁齋女四書集注刊本。

〔二五〕舊唐書卷五二后妃傳下女學士尚宫宋氏，頁二一九八。

女四書集注

〔明〕王相 編注

李志生、王丹妮、車佳敏、雷亞倩 點校

點校説明

女四書集注是明末清初儒生王相編注的一部女教叢書，它收入了東漢班昭的女誡、明成祖徐皇后的内訓、唐宋若昭（今多題宋尚宫）的女論語和王相母劉氏的女範捷録。女四書成書之前，女誡、内訓和女論語就已流傳於世，所以它們已有各自的流傳體系。王相重新彙編、箋注女四書，是爲適應當時的女教需要，故他對這三本著作的文字都作了一些改動，並將女誡、内訓和女論語的原注剔去，再爲四部著作加入了自己的注釋。相較於原注，王相的注文雖不甚古雅，但無疑更適合當時的讀者文化水準和思考方式。

自女四書成書後，它就構成了一個新的流傳體系。王相於康熙年間編成了女四書集注，在其後的清代至民國時期，此書迭有校訂和翻刻，並形成了清初奎壁齋本和清末崇德書院本兩個主要版本系統。今見存世的女四書集注中，清初奎壁齋本的年代最早，清中期的書業堂本據之覆刻；清末民初，女四書的版本及刊刻數量大增，這一時期諸多女四書的祖本，是崇德書院的校訂女四書箋注，據此本修訂刊刻的狀元閣女四書，則是清末至民國流行最廣、被翻刻重刻次數最多的版本。

此次點校女四書集注，以清初奎壁齋女四書集注本（簡稱「奎壁齋本」）爲底本，以清中期書業堂女四書集注本（簡稱「書業堂本」）和清末蘇州崇德書院校訂女四書箋注本（簡稱「崇德書院本」）和李光明莊狀元閣女四書本（簡稱「李光明莊本」）爲參校本。

女誡

曹大家，姓班氏，名昭。後漢平陽曹世叔妻，扶風班彪之女也。世叔早卒，昭守志，教子曹穀成人。長兄班固，作前漢書未畢而卒，昭續成之。次兄班超，入鎮西域，未蒙詔還，昭伏闕上書，乞賜兄歸老。和熹鄧太后嘉其志節，詔入宫，以爲女師，賜號「大家」，皇后及諸貴人皆師事之。著女誡七篇。

女誡原序

鄙人愚暗，受性不敏，蒙先君之餘寵，先君，大家父彪也。彪字叔皮，光武時，官著作郎〔一〕，典文翰，名稱當時。**賴母師之典訓。年十有四，執箕帚於曹氏，**帚音肘。箕帚，所以除污穢，賤者之事也。謙言不敢當爲曹氏婦，但執箕帚之役耳。**今四十餘載矣。戰戰兢兢，常懼黜辱，**戰兢，恐懼不安之貌。黜，遣退也。辱，訶責也。常懷恐懼之心，惟慮得罪於舅姑、夫主也。**以增父母之羞，以益中外之累。**婦道不修，或被遣責，則貽羞于父母，玷累于中外。中爲夫家，外謂父母家之眷屬也。**是以夙夜劬心，勤不告勞，**劬音渠。夙，早也；劬，勞苦也；告，誇示也。言早暮躬執婦道，備執勞苦之事。雖亟憂勤，而不敢誇示於人也。**而今而後，乃知免耳。**今年已老，子孫成立，庶幾免此憂勤〔二〕。**吾性疏愚，教導無素，恒恐子穀負辱清朝。**疏，闊略也。無素，時訓時不訓也。子穀，大家子曹穀，字貽善。清朝，清明聖治之朝也。自言教子無疏，常恐其入仕，負罪于朝廷也。**聖恩橫加，猥賜金紫，實非鄙人庶幾所望也。**言子幸無過，蒙聖恩增其爵禄，賜以金紫之榮，其實非我所敢望也。**男能自謀矣，吾不復以爲憂也。但傷諸女方當適人，而不漸加訓誨，不聞婦禮，懼失容他門，取恥宗族。**言男能服官，自善其身。諸女時當出嫁，苟不教之以禮，或失禮節容貌於他姓之門，而貽羞恥於父兄宗族也。**吾今疾在沉滯，性命無常，念汝曹如此，每用惆悵。**惆悵，音紬帳。惆悵，憂憤也。言吾有疾久不能愈，恐或死亡，而諸女失教，是以常增憂憤也。**因作女誡七篇，願諸女各寫一通，庶有補益，裨助汝身。去矣，其勖勉之！**裨，使也。言作此書，以誡諸女，苟能奉行而不失，則可以補助其身而無咎矣。去矣，謂諸女于歸，行去母而歸夫家也。

校勘記

〔一〕官著作郎　「著作」二字底本模糊不清，據書業堂本、崇德書院本補。另據劉知幾史通：「當魏太和中，始置著作郎」，東漢時，無著作郎之職，此爲王相箋注之誤。

〔二〕免此憂勤　「憂」字底本殘缺，據書業堂本、崇德書院本補。

卑弱第一

天尊地卑，陽剛陰柔。卑弱，女子之正義也。苟不甘于卑而欲自尊，不伏于弱而欲自强，則犯義而非正矣。雖有他能，何足尚乎！

古者生女三日，臥之床下，弄之瓦塼，而齊告焉。塼，與磚同。齊，音齋，下同。詩云：「乃生男子，載寢之床，載衣之裳，載弄之璋。乃生女子，載寢之地，載衣之裼，載弄之瓦。」寢之床，尊之也；寢之地，臥之床下，卑之也。裳，盛服，貴之也。裼，即襁褓之衣，而無加焉，賤之也。璋，半圭，卿大夫所執。弄之璋，尊貴之執也。瓦，紡塼之瓦，織紝所用，女子之事，卑賤之執也。齊告，告於宗廟也。裼，音替。**臥之床下，明其卑弱，主下人也。弄之瓦塼，明其習勞，主執勤也。齊告先君，明當主繼祭祀也。**此申明前義。下人，謂當執卑下之禮于人也。執勤，欲其躬親紡織，力任勤苦也。繼祭祀，謂職主中饋，潔其酒食，以助夫之祭祀也。孟母曰：「婦人之禮，精五飯，冪酒漿，養舅姑，縫衣裳而已。故有閨門之修，而無閫外之志。」此之謂也。女子始生，即以是期之、祝之，其實婦人之道，亦即此而無加也。冪，音密。閫，困上聲。**三者蓋女人之常道，禮法之典教矣。謙讓恭敬，先人後己。有善莫名，有惡莫辭。忍辱含垢，常若畏懼。卑弱下人也。**此又申明三者之道。謙讓恭敬，不敢慢於人也。先人後己，不敢僭於人也。有善莫名，不敢誇美。有惡，謂奉尊者之命〔一〕，而有爲人所賤惡之事，但承命而行，莫敢辭也。忍辱含垢，不敢致辨，常若畏懼，不敢自安。卑弱下人之道盡矣。**晚寢早作，不憚夙夜。執務私事，不辭劇易。所作必成，手跡整理。是謂執勤也。**劇音極。作，起也。私事，細務也。劇，煩重也。言當遲寢而早興，不憚深夜而躬爲婦職。所務之事，不問難易，惟期勤力操作而必成之。手跡完繕，整理必精美而不粗率，執勤之道，於斯盡矣。**正色端操，以事夫主。清靜自守，無好戲笑，潔齊酒食，以供祖宗，是謂繼祭祀也。**齊，如字，言正其顏色，端其操行，以事其夫。幽閒貞靜，言笑不苟，潔治整齊酒食祭品，以相夫主而供先祀，是繼祀之道盡矣。**三者苟備，而患名稱之不聞，黜辱之在身，未之見也。**言爲婦人能下於人，習執勤勞，承繼祭祀，三者咸備，則名譽彰著於內外，黜辱不及於身矣。**三者苟失之，何名稱之可聞，黜辱之可免哉！**無是三者，則黜辱必不能免，又何名譽之可稱哉！

校勘記

〔一〕謂奉尊者之命　「奉」字底本殘缺，據書業堂本、崇德書院本補。

夫婦第二

三者既備，然後可以爲婦。然夫婦之道，又不可不知也，故次夫婦第二。

夫婦之道，參配陰陽，通達神明，信天地之弘義，人倫之大節也。參，合也。弘，大也。

言夫婦之禮，陰陽配合，綱維之義，感格神明，乃天地之大經，人生之大道也。**是以禮貴男女之際，詩著關雎之義。由斯言之，不可不重也。**言聖王制禮，始謹於男女之别；夫子删詩，首列關雎之篇。文王好逑淑女，以成其内治之美、夫婦之道。人倫之始，不可不重也。**夫不賢，則無以御婦；婦不賢，則無以事夫。夫不御婦，則威儀廢缺；婦不事夫，則義理墮闕。方斯二者，其用一也。**御，節制也。事，敬奉也。夫不賢明，則威儀廢失，不足以御其婦；婦不貞淑，則義理蕩逸，不可以事其夫。二者均不可失。**察今之君子，徒知妻婦之不可不御，威儀之不可不整，故訓其男，檢以書傳。**言當世之君子，亦知刑家之道，亟知妻妾之間，不可不御之以禮，而整肅其威儀。故時檢古書經傳，以訓其子孫。**殊不知夫主之不可不事，禮義之不可不存也。**非不知之，但重於男而略於女，謂不可語以詩書經傳之義也。是以當時無女教之書，而女子鮮知事夫之義，未明閨門之禮。**但教男而不教女，不亦蔽於彼此之數乎！**蔽，偏蔽也。言男女之訓，其義一也，知此而不知彼，不亦偏蔽乎？**禮，八歲始教之書，十五而至於學矣，獨不可以此爲則哉！**古禮，男女六歲，教之數日方名。七歲，男女不同食，不共坐。八歲，男入小學而就外傅，十五歲則入太學。女八歲親姆教，訓以禮讓，教以織紝組紃。十五而笄，二十而嫁。此言男子既知教以詩書矣，女子獨不可教以禮讓乎？

敬順第三

前章但言夫婦之大端，不可不教以爲婦之道。此章方發明敬順之禮。敬順，即首章卑下習勤之事也。

陰陽殊性，男女異行。陽以剛爲德，陰以柔爲用，男以强爲貴，女以弱爲美。故鄙諺有云：「生男如狼，猶恐其尪；生女如鼠，猶恐其虎。」行，去聲。尪，音汪。言陰陽男女，性行各别，陽剛陰柔，天之道也；男强女弱，人之性也。鄙俗之言曰：生男如狼之强，猶恐其有尪羸之弱疾；生女如鼠之狀，猶恐其有猛虎之强。概極言之也。**然則修身莫如敬，避强莫若順。故曰敬順之道，婦人之大禮也。**敬者，修身之本也；順者，事夫之本也，故爲禮之大者。**夫敬非他，持久之謂也；夫順非他，寬裕之謂也。持久者，知止足也；寬裕者，尚恭下也。**夫，音扶。夫婦之久，非一時之敬，久而能敬，故偕老而不衰；亦非一時之順，寬裕温柔，故含容而弱順。止足安分，故於夫無求全之心，而敬可久；寬柔恭下，故於夫多含弘之度，而順可長。則敬順之道全矣。**夫婦之好，終身不離。房室周旋，遂生媟黷。**媟，音褻。黷，音讀。媟，戲慢也，黷，忤觸也。言夫婦有終身之好，閨房狎翫，而戲侮日生，則敬順之道虧矣。**媟黷既生，語言過矣。語言既過，縱恣必作。縱恣既作，則侮夫之心生矣。此由於不知止足者也。**媟則不敬，黷則不順，敬順既虧，則語言驕慢，故縱肆恣而無忌，凌侮其夫無所不至矣。由於不知足而求全責備，不安分而放縱自强，不明敬夫之道也。**夫事有曲直，言有是非。直者不能不争，曲者不能不訟。訟争既施，則有忿怒之事矣。此由於不尚恭下者也。**夫，音扶。訟者，理本曲而務求其直也。夫婦之間，言語乖侮，則争訟日生，忿怒相向，而不安於室。苟能寛裕温柔，恭順卑下，何至於此乎！**侮夫不節，譴呵從之；忿怒不止，楚撻從之。夫爲夫婦者，義以和親，恩以好合，楚撻既行，何義之存？譴呵既宣，何恩之有？恩義俱廢，夫婦離行。**「夫爲」之夫，音扶。譴，音遣。行，音杭。譴訶，斥辱也。楚撻，鞭笞也。行，列也。離行，黜退也。言婦人侮夫，不知止節，必致訶遣之辱、楚撻之傷，則恩義廢絶，夫婦乖離，不可復合矣。

婦行第四

行去聲。敬順主於心，行則見於事。四行，即四德是也。

女有四行，一曰婦德，二曰婦言，三曰婦容，四曰婦功。四行，女之常行也。心之所施謂之德，口之所宣謂之言，貌之所飾謂之容，身之所務謂之功。**夫云婦德，不必才明絶異也；婦言，不必辯口利辭也；婦容，不必顔色美麗也；婦功，不必技巧過人也。**夫，音扶。四行但取其適中無忝，不期其才辯美巧，太過於人。**幽閒貞静，守節整齊，行己有恥，動静有法，是謂婦德。**幽，清肅也。閒，整飾也。貞，正固也。静，慎密也。節，制度威儀之節，守之敬慎而無失也。行己有恥，行事中禮，無貽恥笑於人也。動静有法，行止有常，中乎法度也。**擇辭而説，不道惡語，時然後**

言，不厭於人，是謂婦言。擇辭，謂未言之先，選擇量度，不失禮義而後言，自無惡語傷觸於人也。然又當因時而後言，雖言之詳，而人自不厭也。**盥浣塵穢，服飾鮮潔，沐浴以時，身不垢辱，是謂婦容。**盥、浣，音管、玩。盥、浣，皆洗也。衣無新舊，皆當洗濯鮮明潔浄。沐髮浴身，使不垢污，以取恥辱，而容光潤澤矣。**專心紡績，不好戲笑，潔齊酒食，以供賓客，是謂婦功。**紡績，婦人之常業，故宜專心習之而不倦。戲笑非婦女所宜，故戒謹而不好。賓客時至，則整齊潔浄酒食以待之。詩曰：「無非無儀，惟酒食是議。」此之謂也。**此四者，女人之大節，而不可乏無者也。然爲之甚易，唯在存心耳。古人有言：「仁遠乎哉？我欲仁，而仁斯至矣。」此之謂也。**言德言容功四者，婦道之常，而不可缺一。然爲之亦不難，但存心而一，無不當也。古聖人之言，仁豈遠於人哉？我一心欲行仁，仁即至矣，何德言容功之不可備乎？

專心第五

專，一也。謂婦人之道，專一於夫，而無二志也。

禮，夫有再娶之義，婦無二適之文，適，謂更嫁也。夫無妻則烝嘗無主，繼嗣不立，故不得不再娶。婦人之道，從一而終，故夫亡無再嫁之禮也。**故曰夫者天也。天固不可違，夫故不可離也。**禮曰：「夫乃婦之天，天命不可違，夫義不可離也。」夫亡而嫁，是離背其夫也。**行違神祇，天則罰之；禮義有愆，夫則薄之。**愆，音牽。人之德行有虧，干犯神怒，天則降殃，罰於其身。婦人無

禮，時有愆咎，則爲丈夫所薄〔一〕。**故女憲曰：「得意一人，是謂永畢；失意一人，是謂永訖。」由斯言之，夫不可不求其心。**女憲，古賢者訓女之書，今未詳其所出。一人，夫也。畢，終也。訖，離散也。謂婦得意於其夫，則和諧而壽終畢世；若失意於其夫，則悖亂乖離，夫婦之道訖矣。由此觀之，爲婦之道，豈可不求其夫之心志，而失其意乎？**然所求者，亦非謂佞媚苟親也。固莫若專心正色，禮義居絜，耳無塗聽，目無邪視，出無冶容，入無廢飾，無聚會群輩，無看視門户，則謂專心正色矣。**言欲得夫之心，非恃巧佞媚悦，苟取歡愛也，必專一其心，端正其色。專心者，以禮爲居守，以義爲提挈，罔敢或悖，非禮勿聽，非禮勿視，是謂專心。出則無妖冶艷媚之姿容，入不以暗室而弛廢其儀飾。不聚女伴以嬉遊，不在户内而窺門外，是謂正色也。**若夫動静輕脱，視聽陜輸，入則亂髮壞形，出則窈窕作態，説所不當道，觀所不當視，此謂不能專心正色矣。**陜，與閃同，閃爍不定之貌。動静輕脱，行動無常也；視聽閃輸，心志不定也；亂髮毁容，入則廢飾也；窈窕作態，出則冶容也；説不當説，言非禮義也；觀不當視，非禮亂視也。此之謂不能專心正色，不得意於夫也。

校勘記

〔一〕則爲丈夫所薄　「薄」字底本不清，據書業堂本、崇德書院本補。

曲從第六

此章明事舅姑之道。若舅姑言是而婦順從之，正也。惟舅姑使令以非道，而婦亦順從之，是謂曲從，惟曲從乃可謂之孝。大舜、閔騫，皆不得意於父母而曲從者也。

夫得意一人，是謂永畢；失意一人，是謂永訖。欲人定志專心之言也。**舅姑之心，豈當可失哉？**此承上章而言。婦不失意於其夫，則永諧而畢終矣，此蓋爲夫而言也。若夫之上則有舅姑，又可以失意而無咎乎？**物有以恩自離者，亦有以義自破者也。**言世固有專恩於一人，而人或惡之，不能自保其恩；執義於一己，而人或亂之，不能自守其義，如婦之不得於舅姑是也。**夫雖云愛，舅姑云非，此所謂以義自破者也。**夫雖甚愛其妻，而舅姑不愛，則離恩而破義矣。**然則舅姑之心奈何？固莫尚於曲從矣。姑云不爾而是，固宜從令；姑云是爾而非，猶宜順命。勿得違戾是非，爭分曲直。此則所謂曲從矣。**不，音否。欲得舅姑之心，則莫尚于從舅姑之命。如姑所云本非是，而婦云是，亦當從姑之言。若姑行事本非而言是，婦明知其非，亦當從姑之令而行之。勿得與姑明是非而爭曲直，是謂曲從，則無不得舅姑之意也。**故女憲曰：「婦如影響，焉不可賞？」**言婦之順從舅姑，若影之隨形、響之應聲，焉有不得其意而不蒙其賞者乎？

和叔妹第七

叔妹，夫之弟妹也。不言伯姊者，伯必受室，姊必適人。叔妹幼小，常在舅姑之側，猶當和睦，以得其歡心，然後不失意於舅姑也。

婦人之得意於夫主，由舅姑之愛己也；舅姑之愛己，由叔妹之譽己也。由此言之，我之臧否毁譽，一由叔妹。叔妹之心，不可失也。爲婦者，不敢失禮于叔妹，然後得舅姑之愛；得舅姑之愛，然後得意于夫。則是婦之賢否毁譽，皆由于叔妹，不可不得其心，而失敬於彼也。人皆莫知叔妹之不可失，而不能和之以求親，其蔽也哉！言人皆不知叔妹不可失，而往往得罪於舅姑。自非聖人，鮮能無過！故顔子貴於能改，仲尼嘉其不貳，而况於婦人者也！言人皆不能無過，顔子大賢，但有過即改，故聖人嘉其不二過，而况婦人，豈能無過乎？雖以賢女之行，聰哲之性，其能備乎！行，去聲。言雖賢明聰哲之女，亦不能備諸衆善而無過也。故室人和則謗掩，内外離則過揚。此必然之勢也。易曰：「二人同心，其利斷金。同心之言，其臭如蘭。」此之謂也。言同室之人相和，雖有過，必共掩其謗；内外離間，雖無過，必揚其惡。故同心共事，則有斷金之利；同心相言，則有如蘭之馨。大易之言，豈欺我哉！夫叔妹者，體敵而分尊，恩疏而義親。若淑媛謙順之人，則能依義以篤好，崇恩以結援，使徽美顯彰，而瑕過隱塞，舅姑矜善，而夫

主嘉美，聲譽曜於邑鄰，休光延於父母。叔妹班與己同，而稱之爲叔、爲姑，故體敵而分尊；與己異姓，而爲夫之同氣，故恩疏而義親。賢淑之女，自能推夫主之義、舅姑之恩，以篤和好，而結助援。叔妹既和，則徽懿美善日益彰顯，瑕玷過失相爲隱蔽，而得舅姑、夫主之歡心，賢聲美譽揚于里邑，盛德光暉榮於父母矣。**若夫愚惷之人，於叔則託名以自高，於妹則因寵以驕盈。驕盈既施，何和之有！恩義既乖，何譽之臻！**惷與蠢同。臻，至也。言愚惷之人，於叔則自恃爲彼之嫂，而有矜高尊大之心；於妹則自恃見寵於夫，而有驕盈傲慢之色。驕盈既著，則自不能和，不和而恩義乖離，又何譽之臻也。**是以美隱而過宣，姑忿而夫慍，毀訾布於中外，恥辱集於厥身，進增父母之羞，退益君子之累。斯乃榮辱之本，而顯否之基也，可不慎歟？**如是則美善日隱，過咎日宣，舅姑忿恨而夫主慍怒，毀謗訾誚，揚於中外，羞恥詬辱，加於本身，其爲父母貽羞、夫主玷累匪淺矣。是故和叔妹者，乃己身光榮揚顯之根本，不和者反是，可不慎哉！**然則求叔妹之心，固莫尚於謙順矣。謙則德之柄，順則婦之行。知斯二者，足以和矣。詩曰：「在彼無惡，在此無射。」此之謂也。**行、惡，皆去聲。射，音妒。言惟謙恭遜順，可以和叔妹之心。謙爲入德之本，順乃婦人之行，二者不失，自能和合於叔妹，不失於舅姑、夫主矣。射與妒同。大家引詩以明之曰，人能在彼無厭惡之心，在此無妒忌之害，則何所往而美善不著、名譽不彰哉！

内訓

仁孝文皇后，姓徐氏，中山武寧王達之女，明成祖文皇帝元配也。博學好文，著内訓二十篇，以教宫壸。壸，與閫同。

御製序

吾幼承父母之教，誦詩書之典，職謹女事。蒙先人積善餘慶，夙備掖庭之選，掖庭，宫中兩掖廊除之間媵侍所居也。不敢直言爲妃，但謙言備宫掖媵侍之選耳。事我孝慈高皇后，高皇后，姓馬氏，太祖高皇帝元配也。成祖，高后第四子，初封燕王，洪武中，選文皇后爲燕王妃。建文四年，燕王靖難，稱帝，立妃爲后。朝夕侍朝。上朝字音招，下字音潮。高皇后教諸子婦，禮法唯謹，吾恭奉儀範，日聆教言，祇敬佩服，不敢有違。肅事今皇帝三十餘年，今皇帝，成祖也。一遵先志，以行政教。遵高皇后之志，行其政教於宫内也。吾思備位中宫，愧德弗似，歉於率下，無以佐皇上內治之美，以忝高皇后之訓。謙言正位中宮，媿無德率下以成內治，有玷於先后之教。常觀史傳，求古賢婦貞女，雖稱德性之懿，亦未有不由於教而成者。然史書所載賢女雖多，未有不教而善者。古者教必有方，男子八歲而入小學，女子十年而聽姆教。此禮記之言。姆教，女師之教也。小學之書無傳，晦菴朱子爰編輯成書，爲小學之教者，始有所入。古小學之書散失無傳，宋朱晦庵公熹始編撰小學，以訓幼學。獨女教未有全書，世惟取范曄後漢書曹大家女誡爲訓，恒病其略。有所謂女憲、女則，皆徒有其名耳。小學之教施於幼男，而訓女之書則未備焉，惟南朝劉宋時范曄作後漢書，內載漢曹大家女誡七篇，可謂善矣，但病其文辭簡略，闡發未全。而所引女憲、女則之書，又俱遺佚，徒存其名耳。近世始有女教之書盛行，大要撮曲禮、內則之言，與周南、召南、詩之小序及傳記而爲之者。近世謂元末明初，時有訓女之書數種，皆是擇禮記、毛詩之詞及古列女傳記，合而爲之，非一人之言。仰惟我高皇后教訓之言，卓越往昔，足以垂法萬世。吾耳熟而心藏之，乃於永樂二年冬，用述高皇后之教以廣之，爲內訓二十篇，以教宮壼。女學諸作既無詳備之書，於是仰承先志，採輯教言，廣爲內訓，以教宮闈。夫人之所以克聖者，莫嚴於養其德性以修其身，故首之以德性，次之以修身。此言內訓篇名之序。聖，猶善也。書云：「克念作聖。」蓋人欲修其身，必先養其德性，故德性爲首，而修身次之。修身莫切於謹言行，故次之以慎言、謹行。慎言、謹行，修身之基也，故次之。推而至於勤勵、節儉，而又次之以警戒。勤儉者，修身之用；警戒，所以黽勉提撕，恐言行之或失，勤儉之未能，故次四者之後。人之所以獲久長之慶者，莫加於積善，所以無過者，莫加於遷善。修身者見善則遷，有過必改，能遷能積，修身之道畢矣。數者皆身之要，而所以取法者，則必守我高皇后之教也，故繼之以崇聖訓。崇聖訓，不忘高后之教也。遠而取法於古，故次之以景賢範。景賢範，取法古之賢女也。上而至於事父母、事君、事舅姑，又推而至於母儀、睦親、慈幼、待下，而終之以待外戚。君親長幼之克盡，人倫之要備矣。而外戚者，后妃之家，尤當裁之以禮，不悖於法，則長保其富貴矣，故以爲内訓之終。顧以言辭淺陋，不足以發揚深旨，而其條目亦粗備矣。觀者於此，不必泥於言，而但取於意，其於治内之道，或有裨於萬一云。泥，去聲。謙言此書雖淺陋，而條目具備，讀書但取其意而省察焉，庶可以資於内治矣。

永樂三年正月望日序

德性章第一

貞靜幽閒，端莊誠一，女子之德性也。孝敬仁明，慈和柔順，德性備矣。貞固、沉静、幽寂、閒雅、端楷、莊肅、誠實、純一，此八者，女子之德性粹於中者也；孝親、敬長、仁愛、明察、慈淑、和睦、温柔、恭順，此八者，女子之德性著於外者也。女子能此，德性全矣。**夫德性原於所禀，而化成於習，匪由外至，實本於身。**夫，音扶。禀，受也；習，教之所移也。言人之德性，皆禀受於有生之初，本有善而無惡，及夫稍長，因習氣而化。父母教之以善，則日就於賢明，苟不率教，而爲惡習所移，日遷於不善，而成下愚矣。**古之貞女，理情性，治心術，崇道德，故能配君子以成其教。是故仁以居之，義以行之，智以燭之，信以守之，禮以體之。匪禮勿履，匪義勿由，動必由道，言必由信。**言古者貞淑之女，能調攝其性情而不紊亂，理治其心術而無邪僻，尊崇道德而效法賢明，始能克配君子，以成内教。仁主於心，居而不移；義發於事，行而不悖。智以燭理，信以踐言，禮以持躬，禮義道信，行動必由，斯備乎德性矣。**匪言而言，則厲階成焉；匪禮而動，則邪僻形焉。閾以限言，玉以節動，禮以制心，道以制欲，養其德性，所以飭身，可不慎歟！**閾，音鬱。厲，禍亂也。階，梯也。詩曰：「婦有長舌，爲厲之階。」婦人不當言而言，必爲禍亂之階；不循禮而動，則爲邪僻之事。閾，閨閫之界也，禮：「内言不出於閫，外言不入於閫。」是閫閾之間，内外之限也。古者女子行必佩玉，以爲禁步，動則瑲然有聲，無故不敢妄行也。心恐專肆，制之以禮；欲恐放縱，制之以道。時時警飭其身，必敬必慎，庶能養其德性也。**無損於性者，乃可以養德；無累於德者，乃可以成性。**凡一言一行，無損於天性之良，無玷於醇淑之德，德以養其性，性以成其德也。**積過由小，害德爲大。故大厦傾頽，基址弗固也；己身不飭，德性有虧也。**小故不改，必損大德；基址不固，宫室必傾；德性弗修，則己身不飭，百行俱虧矣。**美玉無瑕，可爲至寶；貞女純德，可配京室。**京，大也；配京室，大家之婦也。言貞女德性醇美，如無瑕之玉，可以配大家君子。**檢身制度，足爲母儀；勤儉不妒，足法閨閫。**檢約其身心，修明其制度，克勤克儉，不妒不忌，足可以爲母儀而法於閨閫矣。**若夫驕盈嫉忌，肆意適情，以病其德性，斯亦無所取矣。古語云：「處身造宅，黼身建德。」詩云：「俾爾彌爾性，純嘏爾常矣。」**黼，音甫。俾，音卑。嘏，音古。驕，自恣也。盈，自滿也。嫉忌，妒害也，病損也。黼，錦繡黼黻之衣，以比身之光榮也。詩，大雅卷阿之篇。俾，使也。彌，長久也。性，猶命也。純，厚。嘏，福也。言不賢者，於己則驕矜盈滿，於人則嫉妒忌害，放肆任意以順適其情，而損其德性，雖有他才，亦無所取矣。是以古語有云：欲安其身，必須造宅；欲華其身，非取衣服之美，必須立德，然後光榮。若召康公從周成王於卷阿之上，頌王之詩云：王既有德，以加於民信，豈弟之君子矣，天當使爾長永性命，厚集其福禄而常享之也。凡爲男女，具有其德，福祚亦如是矣。

修身章第二

或曰：「太任目不視惡色，耳不聽淫聲，口不出傲言。若是者，修身之道乎？」此設或問答之辭。太任，王季之妃、文王之母也，禮言其妊文王時，目不邪視，耳不傾聽，口無傲言，席不正不坐，謂之胎教，故問此數者可謂修身已乎？**曰：「然，古之道也。」夫目視惡色，則中眩焉；耳聽淫聲，則內褫焉；口出傲言，則驕心侈焉。是皆身之害也。故婦人居必以正，所以防慝也；行必無陂，所以成德也。**褫，音笞。慝，音忒。陂，音皮。眩，惑亂也。褫，奪喪也。慝，差失也。陂，偏也。答以所問乃古聖人修身之道也，蓋視惡色則眩亂於性情，聽淫聲則褫奪其德性，出傲言則驕侈之心生，三者皆身之害也。故居必以正，行必无偏，所以防邪而成德也。**是故五綵盛服，不足以爲身華；貞順率道，乃可以進婦德。不修其身，以爽厥德，斯爲邪矣。**爽，差背也。率，由也。言盛服不足爲美，惟貞順循率道理，以成婦德，不修身而背德，斯爲邪慝矣。**諺有之曰：「治穢養苗，無使莠驕；剗荆剪棘，無使途塞。」是以修身所以成其德也。**莠，音酉。剗，音產。諺，俗語也。莠，稗草亂苗者也。剗，鉏也。除治污穢，輯理禾苗，而不使稗莠生長，以亂稻穀。剗剪荆棘，無使壅塞道途，猶修身以育德也。**夫身不修則德不立，德不立而能成化於家者，蓋寡矣，而況於天下乎？**不修身立德而能治家者，鮮矣，况天下乎？**是故婦人者，從人者也，夫婦之道，剛柔之義也。昔者明王之所以謹婚姻之始者，重似續之道也。家之隆替，國之廢興，於斯係焉。嗚呼！閨門之內，修身之教，其勖慎之哉！**似，有也。續，繼也。隆，興也。替，廢也。言婦人之義，主從伏於人，陽剛陰柔，夫婦之義也。故古聖帝明王，謹始於夫婦，重其克有先妣，繼續祭祀。詩曰：「似續祖妣。」此之謂也。蓋婦人賢不賢，而家國之盛衰興廢，由茲係焉，閨門之內，不可不慎也。

慎言章第三

婦教有四，言居其一。心應萬事，匪言曷宣？言而中節，可以免悔。言不當理，禍必從之。四教，謂德言容工，所謂四德也。言，婦言，爲四教之一。人以一心應萬事，不言則何以宣明其意？然言必中節，則事無後悔；言不中理，則禍辱必隨之。**諺曰：「誾誾謇謇，匪石可轉；訾訾譞譞，烈火燎原。」又曰：「口如扃，言有恒；口如注，言無據。」甚矣！言之不可不慎也。**誾，音銀。謇，音遺。訾，音資。譞，音環。扃，音君。誾誾，和悦也。謇謇，理順而辭正也。匪石，堅執之心，有甚於石也。訾訾，毁謗也。譞譞，析辯而無定也。扃，如户之啓閉以時也。注，如水之一瀉如注而無止節也。言古諺云：人若和顔悦色，敷陳有道之正言於人，雖堅强如石之人，亦可轉移而從正。如出言訾毁譞薄、利口傷人，其禍如猛火燎平原之枯草，不可救也。又曰：口如門户常閉，啓發有時，則其言語有恒，爲人所重。若但傾瀉如注水而不收，則其言狂妄而無據，爲人所厭矣，可不慎哉！**况婦人德性幽閒，言非所尚，多言多失，不如寡言。故書斥牝鷄之晨，詩有厲階之刺，禮嚴出梱之戒。善於自持者，必於此而加慎焉，庶乎其可也。**梱，與閫同。牝雞，雌雞也。晨，當晨而鳴也。言婦人之道，本不尚言辭，言多則多失。故書云：「牝鷄之晨，惟家之索。」指婦人多言而亂家政，如雌雞晨鳴，不祥之兆，家必蕭索也。詩云：「婦有長舌，爲厲之階。」言禍亂必生也。禮：「外言不入，內言不出」，以梱域爲戒。聖經之戒婦言，如此其慎，婦人欲修其身，不可不謹也。**然則慎之有道乎？曰：「有，學南宮縚可也。」**此又設爲問答之辭。南宮縚，又名適，孔子弟子，字子容也。南容謹言，常三復衛武之詩爲戒，其詩曰：「白圭之玷，尚可磨也。斯言之玷，不可爲也。」言白玉之圭，若有瑕玷，尚可磨而去之；言語有玷，則出於口而難追，不可爲也。故夫子嘉其謹言，以兄女妻之。婦女欲謹其言，當以此爲法。**夫緘口內修，重諾無尤。寧其心，定其志，和其氣。守之以仁厚，持之以莊敬，質之以信義。一語一默，從容中道，以合於坤靜之體，則讒慝不作而家道雍穆矣。**緘，音咸。中，去聲。緘，猶閉也。諾，許也。尤，過也。言婦人寡言，則內行修明。慎其許諾，必踐其言，則無愆尤。志氣堅定，辭容和洽。存仁而廣敬，一以信義爲本。語默之間，中節合度。坤陰體而地之道，婦人之義也，婦能靜默，合乎坤貞之體，則讒言不興、邪慝不作，而家道雍肅則和睦矣。**故女不矜色，其行在德，無鹽雖陋，言用於齊而國安。孔子曰：「有德者必有言，有言者不必有德。」**行，去聲。言爲婦女，不矜眩其色，惟以德行爲要。昔無鹽，鍾氏之女，容貌鄙陋，齊王聞其賢而立以爲后，王用其言，而齊國大治。故孔子曰：人之有德者，非無言也，而言必中節；若夫有言者，徒恃巧佞之言，而未必有德也。

謹行章第四 行，去聲，章内同。

甚哉！婦人之行，不可以不謹也。自是者其行專，自矜者其行危，自欺者其行驕以污，行專則綱常廢，行危則嫉戾興，行驕以污則人道絶，有一於此，鮮克終也。鮮，上聲。言婦人之行，以德爲先。苟無德行則自以爲是者，其行必專擅而自由；矜高自誇者，其行必危殆而不安；昧心而自欺者，其行必驕肆而妄行污賤之事。蓋自專者，無君無夫而廢綱常之大節；自危者，則招人疾惡而灾禍生；自驕而行污賤者，則婦道絶滅而非人類矣。三者有一，鮮有終身無咎者也。**夫干霄之木，本之深也；凌雲之臺，基之厚也；婦有令譽，行之純也。本深在乎栽培，基厚在乎積累，行純在乎自力。不爲純行，則戚疏離焉，長幼紊焉，貴賤淆焉。**淆，音爻。言干霄之大木，由於根本深固；凌雲之高臺，由於基址之堅厚；婦人有賢名令譽，由於德行之純備。而根本之深，在於栽培植養之功；基址之厚，在於積累增高之力；婦行之純，在於自盡其力而無一毫虧欠。婦行不純，則不論親疏皆離間而遠之，長幼之禮紊雜，貴賤之分淆亂而不整矣。**是故欲成其大，當謹其微。縱於毫末，本大不伐；昧於冥冥，神鑒孔明；百行一虧，終累全德。**言人欲成大節者，當謹察其細微。如放縱於毫末之細，則其禍必至於如萌芽之生，則枝蔓綿延而不可斬伐也。冥冥幽暗之中，如以爲無人知覺而自昧其心，不知神天鑒察，孔大而彰明也。婦人之行，百有一虧，則全德有損矣。**體柔順，率貞潔，服三從之訓，謹内外之別，勉之敬之，始終惟一。**言婦人之道，當體温柔敬順之義，持貞固静潔之操。在家從父，出嫁從夫，夫死從子。三從之訓不失，内外之體必謹，黽勉莊敬，以持其身，慎始慎終，一心無二，斯爲可矣。**由是可以修家政，可以和上下，可以睦親戚，而動無不協矣。易曰：「恒其德，貞，婦人吉。」此之謂也。**協，和也，理也。易，恒卦之辭。言婦行既備，則家政修而上下和，親戚睦而萬事理。恒，常也，久也。易之言久於德而不易，婦人之正吉之道，故其象曰：「婦人貞吉，從一而終也。」

勤勵章第五

怠惰恣肆，身之灾也；勤勵不息，身之德也。言人怠慢而不敬於事，嬾惰而不勤於力，放恣而不檢其身，侈肆而不謹於禮，此四者爲伐身之灾。勤劬勉勵，孜孜不息，爲成身之德。**是故農勤於耕，士勤於學，女勤於工。農惰則五穀不獲，士惰則學問不成，女惰則機杼空乏。**耕者農之事，惰而廢耕則五穀荒；學者士之業，惰而不學則學問疎；工者女之務，不勤於工則機杼空而家道乏。**古者后妃親蠶，躬以率下，庶士之妻，皆衣其夫，效績有制，愆則有辟。**言古者王后親務蠶桑，率妃御織紝以供祭服。大夫士庶之妻，皆躬製衣服，爲夫之服。春則賦工於農，使男耕而女織，秋則計其功、效其績，收穫寡而織紝少，則爲愆過，加以罪辟，乃先王之制也。**夫治絲執麻，以供衣服，**

羃酒漿，具葅醢，以供祭祀，女之職也，不勤其事，以廢其功，何以辭辟？羃，音密。葅，音菹。醢，音海。羃，醖造也。葅，醃菜。醢，醬也。治絲麻以成服，造酒漿、葅醢以備祭祀、宴飲，皆女之事也，不勤事而廢女工，難辭責罰矣。夫早作晚休，可以無憂；縷績不息，可以成匹。戒之哉！毋荒寧。荒寧者，劌身之廉刃也，雖不見其鋒，陰爲所戕矣。劌，音歲。戕，音祥。荒，廢棄也。寧，安閒也。劌，斬割也。廉，利也。戕，殺害也。又引古語云：婦人早起工作而晚始休息，斯可無憂。一絲一縷，紡績而不息，乃可以成丈匹。無荒棄工作而好安閒，安閒之害，如斬身之利刃，雖不見其鋒芒，而身暗爲其所傷矣。詩曰：「婦無公事，休其蠶織。」此怠惰之慝也。於乎！貧賤不怠惰者易，富貴不怠惰者難，當勉其難，毋忽其易。於，音烏。詩，大雅瞻卬之篇。休，舍也。引詩言婦人無公家之謀，惟治蠶桑織紝之事而已。今反干預公事，舍其蠶織而不務，則怠惰之愆甚矣。因戒之曰：婦人處於貧賤之家，不惰甚易，處富貴驕奢之地，欲其不惰甚難。人當警勉其所難，不可忽略所易也。卬，音仰。

節儉章第六

戒奢者，必先於節儉。夫澹素養性，奢靡伐德，人率知之，而取舍不决焉，何也？志不能帥氣，理不足御情，是以覆敗者多矣。言止奢莫若儉，澹泊朴素所以養其醇性，奢華靡麗所以損其婦德，人亦皆知之，多不能崇儉而好奢，其故何也？蓋心志爲習氣所移，而不能帥之以正道；理爲情欲所迷，而不能御之以禮，故因之以敗德者多矣。**傳曰：「儉者，聖人之寶也。」**〔一〕**又曰：「儉，德之共也；侈，惡之大也。」**共，音恭。侈，音耻。傳，左氏之傳也。言聖人富天下，莫如崇儉，欲人久敬而禮不衰，亦莫若用儉，故曰「德之共」。若夫侈生於奢，僭生於侈，越禮犯分，莫大於侈，故曰「惡之大也」。**若夫一縷之帛，出工女之勤；一粒之食，出農夫之勞。致之不易，而用之不節，暴殄天物，無所顧惜，上率下承，靡然一軌，孰勝其弊哉！**殄，音田，上聲。勝，音升。言縷帛雖微，女工不易；粒粟雖少，農力難成。若用之不節，是爲暴殄天物，罪莫大焉，奈何愚者不悟，上下相承，不知其弊乎？**夫錦繡華麗，不如布帛之温也；奇饈美味，不如糲粢之飽也。且五色壞目，五味昏智，飲清茹淡，袪疾延齡。得失損益，判然懸絶矣。**糲粢，音臘資。袪，音驅。糲，粗米。粢，濫飯。袪，却也。言錦繡雖華，不如布帛之暖；珍饈雖美，不如粗飯之飽。且五色眩人之目，五味損人心智，清淡飲食，反能却病而延壽，豈不曉然易見乎？**古之賢妃哲后，深戒守此。故絺綌無斁，見美於周詩；大練麤疏，垂光於漢史。敦廉儉之風，絶侈麗之質，天下從化，是以海内殷富，閭閻足給焉。**絺綌，音笞隙。斁，音亦。麤，同粗。精葛曰絺，粗曰綌。斁，厭也。言古聖賢后妃，莫不戒奢崇儉。葛覃之詩，言文王之妃自製精粗之葛布，以爲衣裳，服之而不厭。後漢書言明帝馬皇后服白練麤疏之衣，首無珍飾，而後宮從化，天下法之。是以周漢之盛時，海内富庶，家飽暖而人足瞻焉。**蓋上以導下，内以表外，故后必敦節儉以率六宫，諸侯之夫人，以至士庶人之妻，皆敦節儉以率其家，然後民無凍餒，禮義可興，風化可紀矣。**餒，奴尾反。言爲后者必躬行節儉，以表率六宫之妃媵，諸侯夫人以及士大夫庶人之妻，亦皆崇尚節儉，以率其家衆，然後人民皆富庶無凍餓，百姓皆知禮義，風化之美可以紀述矣。**或有問者曰：「節儉有禮乎？」曰：「禮，與其奢也，寧儉。」然有可約者焉？有可腆者焉？是故處己不可不儉，事親不可不豐。**腆，音忝。或問，節省儉約恐不中禮，奈何？答以孔子有云：禮，與其奢也失度，不若儉而守約。然事有可省約者，不得不約，亦有可豐腆者焉，亦不得不豐，故儉以處己，豐以事親，斯爲至矣。

校勘記

〔一〕傳曰儉者聖人之寶也　此句不出左傳，而出子華子。

警戒章第七

婦人之德，莫大乎端己，端己之要，莫重於警戒。居富貴也，而恒懼乎驕盈；居貧賤也，而恒懼乎敗失；居安寧也，而恒懼乎患難。奉巵在手，若將傾焉；擇地而旋，若將陷焉。難，去聲。奉，上聲。言婦德莫大於正己，正己莫貴於警戒。富貴，常懼驕盈而獲咎譴；貧賤，常懼喪敗而無以存；安寧，常懼患難而危其身。如奉滿巵，矜持而恐其傾泛；如履險地，擇步而恐其陷墜，斯可警戒矣。**故一念之微，獨處之際，不可不慎。謂無有見，能隱於天乎？謂無有知，不欺於心乎？**一念之微，至幽也，獨處之際，至暗也，不可不慎，謂無人見，天實臨之；謂無人知，而自心不可欺也。**故肅然警惕，恒存乎矩度；湛然純一，不干於非僻。舉動之際，如對舅姑；閨門之間，如臨師保。不惰於冥冥，不驕於昭昭。行之以誠，持之以久，顯隱不貳。由是德宜於家族，行通於神明，而百福咸臻矣。**言當致其恭肅，警心惕勵，恒守賢人之規矩；制度其心，沉湛專純，不干犯非禮邪僻之事。一舉一動，必敬必慎，如對舅姑之前；雖處閨房褻密之間，而嚴肅矜持，如師保臨之，不敢放縱。不以冥冥無人之處，而惰其儀容；不以昭昭人衆之中，故矯其顔貌。誠實以行其事，久長以持其心，明顯幽隱，行之不二。如是則女德化於家族，誠信格於神明，而百福臻集於其身矣。**夫念慮有常，動必無過，思患預防，所以免禍。一息不戒，灾害攸萃，累德終身，悔何追矣。**言人舉心動念，思慮之間，常存規度，不越於禮，則行動必無過咎。凡事之有患未及於身，宜預爲防備而消釋之，則灾禍自遠矣。若一息之頃，明知有害而不能忍、不知戒，則禍患成而灾害常集於身，虧損德行，追悔無及矣。**是故鑒古之失，吾則得焉；惕勵未形，吾何尤焉。詩曰：「相在爾室，尚不媿於屋漏。」禮曰：「戒慎乎其所不覩，恐懼乎其所不聞。」此之謂也。**相，去聲。詩，大雅抑之篇。「禮曰」二句，中庸之言，而云禮者，蓋中庸、大學，皆禮記篇中之書也。相，視也。屋漏，室隅透光處也。言警戒之道當如何？宜鑒古人行事之失，吾戒之而不蹈其非，吾則得而不失矣。當於禍害未形之先，吾警之而潛消其患，吾則免而無過矣〔一〕。抑之詩曰：「視人在爾暗室之間，能不愧於屋漏，則凡事無過矣。蓋暗室，人不見不聞之地，而屋漏之光，天實臨之，可自昧其心乎！是故慎獨之君子，於人不睹不聞之地，猶存戒慎恐懼之心，其警察惕勵嚴密如此，然後能寡過也。

校勘記

〔一〕吾則免而無過矣　「免」字底本作「勉」，據書業堂本改。

積善章第八

吉凶灾祥，匪由天作，善惡之應，各以其類，善德攸積，天降陰騭。騭，音直。降，猶陞也。陰騭，言天默祐而陞降其福禄也。此章明積善之應。言人之善惡由於心，則吉凶見於事，而灾異禎祥之兆，又形於吉凶未著之先，匪天作之，實因人之善惡而感應之也。人能積善修德，久而不衰，則天必默祐於上，降臨以福胙，此必然之理也。**昔者成周之先，世累忠厚，繼於文武，伐暴救民，又有聖母賢妃，善德内助，故上天陰騭，福慶攸長。**成周者，周公建洛陽以居，成王號其都爲成周也。言其先世，自后稷樹藝五穀，以教民生，有大功於世。其後世子孫相承，千有餘年，皆不失其忠厚之德。至於太王、王季、文王，皆有聖人之德以及於民。而武王因紂之暴，驅除殘虐，救民於水火之中而有天下。又有太王之妃太姜、王季妃太任、文王妃太姒、武王妃邑姜，皆仁孝賢明，以爲聖人之內助。其內外之聖德，繼繼承承，如此其美，故上天陰騭之，而福祚之長，未有如周之久者也。**我國家世積厚德，天命攸集，我太祖高皇帝，順天應人，除殘削暴，救民水火，孝慈高皇后，好生大德，助勤於內。故上天陰騭，奄有天下，生民用乂，天之陰騭，不爽於德，昭著明鑑。**言我皇明，自太祖以先，世積厚德，故天命我高皇帝起於濠滁，順天人之心，除殘賊，伐暴虐，救民塗炭。而高皇后以仁厚之德，勤勞內政以助之。蒙上天之默祐，代元而有天下，百姓乂安，垂裕後世。蓋天陰騭有德，昭如明鑑，不爽如此。**夫享福祿之報者，由積善之慶，婦人內助於國家，豈可以不積善哉！古語云：「積德成王，積怨成亡。」荀子曰：「積土成山，風雨興焉；積水成淵，蛟龍生焉；積善成德，神明自格〔一〕。」**言人之享福受祿，皆由積善而成。婦人之內助其夫，以興家國，又豈可不積善哉！古語有云：諸侯積德，則成王者之業；無德而積怨惡於民，則自取其敗亡而已。荀卿有言：山高則出雲霧而興風雨；水深則生靈物而出蛟龍；人能積善以成其德，則神明昭格，福祿綏矣。**自后妃至於士庶人之妻，其必勉於積善，以成內助之美。婦人善德，柔順貞靜。樂乎和平，無乖戾也；存乎寬洪，無忌嫉也；敦乎仁慈，無殘害也；執禮秉義，無縱越也；祇率先訓，無愆違也。不厲人以適己，不縱欲以戕物。積而不已，福祿萃焉，嘉祥被於夫子，**

餘慶流於後昆，可謂賢内助矣。蓋自后妃以及卿大夫士庶之妻，皆有内助其夫之職。既克勤克儉，以成其家，必積德累仁，以延其福。所謂善者，寬柔恭順，貞良安静。心志和平，而無欺忤忿戾之事；度量寬洪，而無疑忌嫉妒之心；仁厚慈愛，而無傷殘毒害之念；執守禮義，而無驕縱僭越之行；敬承先訓，而無過愆違背之失。不刻厲於人，以快適己意；不縱肆其意〔二〕，以戕損生物。如是而積善不已，則福禄萃於其身，嘉美禎祥，貽慶於夫主子女，美善流於後世，不亦爲内助之至矣乎！**易曰：「積善之家，必有餘慶。」書曰：「作善，降之百祥。」此之謂也。**餘慶，謂受福不已，延及子孫也。百祥，謂禎祥畢集，百事攸宜也。易曰：「積善之家，必有餘慶；積不善之家，必有餘殃。」書曰：「作善，降之百祥；作不善，降之百殃。」聖人之言，昭然明驗如此。

校勘記

〔一〕神明自格　荀子原文作「而神明自得，聖心備焉」。

〔二〕不縱肆其意　「其」字底本作「哮」，據李光明莊本改。

遷善章第九

人非上智，其孰無過？過而能知，可以爲明；知而能改，可以跂聖。小過不改，大惡

形焉；小善能遷，大德成焉。跂，音技。跂，企而及之也。此章明改過遷善之道。言人非聖人，不能無過。惟明人有過即能知，賢者知過即能改。能改其過，則日就高明，可以及夫聖人之域矣。惟自以爲小過而不肯改，則必至爲大惡之人；以爲小善而不肯遷就以成之，乃無德之可稱矣。惟小善而能遷就以成其美，積之不已，乃成大德。**夫婦人之過無他，惰慢也，嫉妒也，邪僻也。惰慢則驕，孝敬衰焉；嫉妒則刻，菑害興焉；邪僻則佚，節義頽焉。**菑，同災。婦人之過有三，一曰嬾惰怠慢，驕傲成而孝敬之心衰；二曰媢嫉妒忌，則殘刻肆而災害之禍作；三曰傾邪私僻，則淫佚生而節義之道喪。三者婦人之大惡也。**是數者，皆德之弊而身之殃，或有一焉，必去之如蟊螣，遠之如蜂蠆。蜂蠆不遠則螫身，蟊螣不遠則傷稼，己過不改則累德。**蟊螣，音矛特。蠆，揣去聲。螫，音哲。蟊螣，傷禾之蟲，食根曰蟊，食葉曰螣。蜂，蜈蜂；蠆，一名蝎，二蟲皆螫害人身，經夕而痛始止。言惰慢、嫉妒、邪僻三者，皆害身之大惡，如蟊螣之食苗，蜂蠆之螫體，有一於身，必速去之，務期改過而遷善，不爲婦德之累也。**若夫以惡小而爲之無恤，則必敗；以善小而忽之不爲，則必覆。能行小善，大善攸基；戒於小惡，終無大戾。**無恤，輕之而忍行也。覆，傾喪也。漢昭烈敕後主曰：「無以善小而不爲，勿以惡小而爲之。」蓋習爲小善，則大善斯成；習行小惡，則大惡必作。小惡不戒，能成德而免於禍戾者，鮮矣。**故諺有之曰：「屋漏遷居，路紆改途。」傳曰：「人孰無過？過而能改，善莫大焉。」**紆，音迂。紆，曲折也。諺云：屋漏不可居，則急宜遷徙；路紆折而難行，則必求直道而往。人有過而能改，則善矣。

崇聖訓章第十

自古國家肇基，皆有内助之德，垂範後世。夏商之初，塗山有莘，皆明教訓之功；成周之興，文王后妃，克廣關雎之化。言自古開國之君，必有賢聖之妃，以佐内助之美，夏禹之后塗山氏、商湯之后有莘氏，皆能輔贊明良，化行宫壼，以成内治；周之文王得聖女太姒，以成好逑之配，宫中美其德化，而作關雎之詩。**我太祖高皇帝受命而興，孝慈高皇后内助之功，至隆至盛。蓋以明聖之資，秉貞仁之德，博古今之務。艱難之初，則同勤開創；平治之際，則弘基風化。表壼範於六宫，著母儀於天下。**言太祖光有天下，雖受天命以興，而高皇后内助之功居多。以明聖貞仁之德，通古今治亂之機，與太祖同起艱難，辛勤創業，以致太平。垂訓宫幃，表章壼域，嘉言善行，足以作範六宫，母儀萬國。**驗之往哲，莫之與京。譬之日月，天下仰其高明；譬之滄海，江河趍其浩溥。**趍，音趨。溥，音普。京，匹也。言古雖有賢哲后妃，皆不及我高后之聖，而無與匹焉。后之德如日月之高明，人庶蒙其光照；如滄海之浩溥，江河賴其趨注。**然史傳所載，什裁一二，而微言奥義，若南金焉，銖兩可寶也；若穀粟焉，一日不可無也。貫徹上下，包括鉅細，誠道德之至要，而福慶之大本也。**裁，與纔同。言高皇后之慈言懿訓，見於高后寶訓、高帝寶録及孝慈録等書，然皆史臣採輯傳聞之言，十分僅得其一二耳，而微妙之言、深奥之義，今雖不傳，而吾猶及聞之。其言足以範世，若荆揚南國百煉之金，雖銖兩之輕，皆可爲世之寶；若五穀之資人日用，而不可一日無者。其言上下咸宜，鉅細畢舉，吾故仰遵聖訓，輯成此書，信女德之要道，人體而行之，誠爲福慶之本也。**后妃遵之，則可以配至尊，奉宗廟，化天下，衍慶源；諸侯大夫之夫人與士庶人之妻遵之，則可以内佐君子，長保富貴，利安家室，而垂慶後人矣。**言高后之訓，后妃能遵守之，則足以配天子，承宗廟，風化天下，而衍子孫福慶之源；諸侯卿大夫士庶之妻遵之，則可相夫保家，永享富貴，而垂裕於後世矣。**詩曰：「太姒嗣徽音，則百斯男。」敬之哉！敬之哉！**詩，大雅思齊之篇。太姒，文王之妃。徽，美也。詩言太姒誠敬賢孝，能嗣其姑太任徽美之德音，不妒不忌，子孫衆多，有百男之慶。後世后妃，宜敬守高后之訓，以媲美於周室也。齊，音齋。

景賢範章第十一

詩書所載，賢妃貞女，德懿行備，師表後世，皆可法也。行，去聲，下同。言詩書所記古聖賢之妃、貞烈之女，其德醇懿，其行全備，載乎史册，師範後人，可取閲而效法之也。**夫女無姆教，則婉娩何從？不親書史，則往行奚考？稽往行，質前言，模而則之，則德行成焉。**婉娩，音晚免。婉，恭順也。娩，悦而解意也，内則曰「女子十年不出，姆教婉娩聽從」是也。姆，女子之傅母也。

言女無姆教，則不聞善言；不親古史，則不知善行。故稽諸往古賢女之德行，質前人懿美之嘉言，模範而則法之，斯可以成其德矣。**夫明鏡可以鑑妍媸，權衡可以擬輕重，尺度可以測長短，往轍可以軌新跡。希聖者昌，踵弊者亡。**妍媸，音嚴笞。鑑，照也。妍，美也。媸，醜也。權，稱錘。衡，稱。轍，車跡。軌，遵跡而行也。言鏡明足以照容貌，稱平足以別輕重，尺準可以度長短，途間之車跡，可以遵道而行，不失其軌範。以喻人能希仰賢聖，效法而行者，必昌盛而獲福；效前人不賢之弊，踵而行之，則必至於死亡而已。**是故修恭儉莫盛於皇英，求誠莊莫隆於太任，孝敬莫純於太姒。儀式刑之，齊之則聖，下之則賢，否亦不失於從善。**皇英，堯女、舜妃娥皇、女英也。言欲法古聖賢恭儉之德，當如娥皇、女英，以帝女而下配匹夫，能恭謹以事舜，而輔成聖化。欲法誠仁端莊，莫如文母太任，以胎教而生聖人，以開成周之業。欲法孝敬，莫如文妃太姒，有幽閒貞靜之德，上事太后，下慈妾媵，以廣百男之慶。此數聖后賢妃，若能儀而像之、式而法之、刑而則之，與之齊則可以爲聖人，下一等亦可以爲賢人，稍或不及而得其仿佛，亦不失爲從善之美德。仿佛，音仿弗，猶略似也。**夫珠玉非寶，淑聖爲寶，令德不虧，室家是宜。詩曰：「高山仰止，景行行止。」其謂是與！**言珠玉非婦人之寶，賢淑聖善乃女德之寶，如令善之德無虧，則能宜爾室家矣。小雅車舝之詩，言高山無遠近，人皆仰而見之，必登其上，乃可爲至；人有德行，人皆景仰而慕也，必效法，乃可以成身。若徒仰其高而不至，見其賢而不思與之齊，則亦何取其景仰之哉！舝，音轄。

事父母章第十二

孝敬者，事親之本也。養非難也，敬爲難，以飲食供奉爲孝，斯末矣。此章言敬乃孝之至，故養親非難而敬爲難，飲食供奉，孝之末事也。孔子曰：「孝者，人道之至德。」夫通於神明，**感於四海，孝之至也。昔者虞舜善事其親，終身而慕；文王善事其親，色憂滿容。**孝經曰：「夫孝，德之本也。」孝可通達於神明，感化於四海。虞舜至孝，孟子稱其大孝，終身慕父母。禮記曰：王季不安，「文王色憂，行不能正履。」或曰：「此聖人之孝，非婦人之所宜也。」是不然。**孝悌，天性也，豈有間於男女乎？事親者，以聖人爲至。**間，去聲。或問聖孝至大，非婦女所及。答以孝悌本乎天性，豈分男女之别？事親者，當以聖人爲法。若夫以聲音笑貌爲樂者，不善事其**親者也；誠孝愛敬無所違者，斯善事其親者也。**縣衾斂簟，節文之末；紉箴補綴，帥事之**微。必也恪勤朝夕，無怠逆於所命。祇敬尤嚴於杖屨，旨甘必謹於餕餘，而況大於此者乎！**縣，音懸。簟，音玷。紉，音寅。箴，與針同。綴，音墜。帥，與率同。餕，音俊。禮：父母、舅姑興，女與婦必懸挂其衾被，收斂其枕簟，當寢而復施之也。見父母、舅姑衣裳有綻裂之處，必穿紉箴線而亟爲補綴之。帥，行也。怠逆所命，謂緩怠違逆於親之命令也。祇，誠也，父母之杖屨所在，必誠敬愛護之，不致傾敗也。旨甘，美好之味。餕，食之餘也。禮曰：父母之敦、牟、卮、匜，非其所食之餘不敢用。父母與之飲食，非所食之餘不敢輒飲食也。父母既食之餘，子婦必盡食之，恐嫌於厭棄父母之食，且懼以復進爲褻也。訓言子女無誠敬之心，但以聲音笑貌爲娛親之飭，未足以爲孝。必也孝出於至誠，敬生於至愛，無所違逆〔一〕，斯云善矣。若縣衾斂簟，紉針補綴，此但節文之細事。惟恪恭於朝夕，無違其教命，雖父母之杖屨，必敬護之，所食之味，必善其甘旨，所餕之餘，必慎其器食，微者如此，而況大於此者，宜無不敬也。敦，音對，飯器也。牟，音模，膳器也。巵，音支，酒器也。匜，音移，水漿之器也。**是故不辱其身，不違其親，斯事親之大者也。夫自幼而笄，既笄而有室家之望焉，推事父母之道於舅姑，無以復加損矣。**笄，音基。笄，女子有夫之飾也。女子之道在守身而不辱，事親而不違。女子自幼育於父母，依乎膝下，既許嫁而加笄焉，則有爲人室家夫婦之道，而離於父母矣。若在家能孝，移孝親之道以事其舅姑，又何損焉！**故仁人之事親也，不以既貴而移其孝，不以既富而改其心，故曰：「事親如事天。」又曰：「孝莫大於寧親。」可不敬乎！詩曰：「害澣害否，歸寧父母。」此后妃之謂也。**害，音曷。澣，音翰。此言爲后妃者，去父母而享富貴，不以貴而忘其孝，不以富而改其心，故曰：事親如天，天不可移也。寧，歸寧，謂歸而問安也。害，何也。澣，洗濯也。葛覃之詩言，太姒欲歸而問安於父母，服澣濯之葛衣，謂其師姆曰：何者當澣？何者猶可以不澣？我將服之以歸寧於父母矣。此謂后妃之孝。

校勘記

〔一〕無所違逆　「逆」字底本作「道」，據崇德書院本、李光明莊本改。

事君章第十三

婦人之事君，比昵左右，難制而易惑，難抑而易驕。昵，音溺。昵，親也。抑，卑順也。言婦人入宮壼以事君，比狎親昵於君之左右，難制其心而易惑於君，難抑其身而易驕於下。**然則有道乎？曰：「有。」忠誠以爲本，禮義以爲防，勤儉以率下，慈和以處衆。誦詩讀書，不忘規諫；**問有道以處此乎？答曰：有。以忠信誠實爲本，秉禮守義以防閑其身，勤勞節儉以率其嬪御，慈愛和睦以惠其衆庶。誦讀詩書，取法前言往行以成其德〔一〕，聞箴規諷諫之言，則敬聽而不忘。**寢興夙夜，惟職愛君。居處有常，服食有節；言語有章，戒謹讒慝。中饋是專，外事不涉，教令不出，遠離邪僻，威儀是力。**言當早興夜寢，以敬愛其君爲己之職事。居則有常處，衣食節儉而不奢。言辭和婉而中度，讒佞之言戒而勿聽，非慝之行謹而勿行。專任中饋之事以奉君上，以修祭祀，外庭政事無所干涉，教令不出於宮闈，遠却淫邪私僻之事，動作威儀力行之而無惰。**毋擅寵而怙恩，毋干政而撓法。擅專則驕，怙恩則妒，干政則乖，撓法則亂。諺云：「汨水淖泥，破家妒妻。」**

不驕不妒，身之福也。詩曰：「樂只君子，福履綏之。」怙，音户。汨，音密。淖，音鬧。樂只，音洛止。綏，音雖〔二〕。怙，倚恃也。撓，屈也。汨，陷也。淖泥，泥深而濫也。言爲后妃之道，勿專擅君之寵而恃君之恩，勿預國之政而屈國之法。擅寵恃恩則驕婦之害興，干政撓法則乖亂之禍作。俗語謂：人汨没於水而不能出者，由水中淖泥所陷也。人破壞其家而不能興者，由家有妒妻所敗也。由是觀之，女子不驕不妒，其爲身家之福與！樂只，猶言喜其也。君子，衆妾，指后妃也。履，禄。綏，安也。言太姒不妒忌而恩逮於下，故衆妾樂其德而稱願之曰：「南有樛木，則葛藟纍之矣。」樂只君子，則福履綏之矣。樛，音鳩。藟，音壘。纍，音雷。詩見周南樛木篇。**夫受命守分，僭黷不生，詩曰：「夙夜在公，寔命不同。」是故姜后脱珥，載籍攸賢；班姬辭輦，古今稱譽。**黷，音讀。受命，受君之命。守分，守庶妾之分也。詩，召南小星之篇。寔，與實同。命，天所賦之命也。姜后，周宣王之后；班姬，漢成帝之妃。言爲后妃妾御，皆受君之命，當安其所賦之分而無僭越之心。故小星之詩，言庶妾當夕於君，抱衾裯而往，見星而入侍，星未没而還，不敢專一夕之寵，而夙夜宵行在公承值者，由其所賦之命不同於后妃之貴也。昔周宣王與姜同宮而宴起，姜后脱簪珥，伏於永巷之間以待罪，自咎其失教於妃妾，而致君王有宴安廢政之失也，宣王敬禮而謝之，自是不敢怠荒，而史籍稱美焉。漢成帝退朝，欲與班婕妤同輦而載，班姬伏地而奏曰：「妾聞天子出入，皆有賢人左右夾輔，未聞與嬖妾同輦者也。」帝改容謝之。妃后與姬，深得事君安分之道者也。婕妤，音捷予，女官名〔三〕。**我國家隆盛，孝慈高皇后事我太祖高皇帝，輔成鴻業，居富貴而不驕，職内道而益謹，兢兢業業，不忘夙**

夜，德蓋前古，垂訓萬世，化行天下。詩曰：「思齊太任，文王之母；思媚周姜，京室之婦。」此之謂也。齊，音齋。言我高皇后肅事高皇帝，以輔成大業，而能兢業敬謹，夙夜維勤，其德高出前古，風化被於天下，而慈訓垂於萬世矣。媚，愛也。京，周也。大雅思齊之詩曰：言此齊莊之太任，實爲文王之母矣，惟其能媚愛其姑太姜而恪盡孝道，爲我周室之孝婦，其子孫光有天下，實太任始基之也。**縱觀往古，國家廢興，未有不由於婦之賢否，事君者不可以不慎。詩曰：「夙夜匪懈，以事一人。」**言我遍觀古史，國之將興，必有賢后妃以爲之内助；國之將亡，必由宮闈淫僻惑亂所致，人家之成敗亦然，可不慎哉！故大雅烝民之詩意云：爲人臣者，當夙夜惕勵而無怠惰，以事其君，然則爲后妃者，與君休戚相關，豈不思匪懈之訓，以事其君哉！**苟不能胥匡以道，則必自荒厥德，若網之無綱，衆目難舉，上無所毗，下無所法，則胥淪之漸矣。**毗，音皮。胥，相也。匡，正也。綱，魚網之總維也。毗，倚賴也。淪，陷溺也。言爲婦者，苟或不能以正道匡輔其君，必自荒其德，若無綱之網，衆目難張，上下蒙蔽，無所倚法，則相淪陷而至於危亡矣。**夫木瘁者，内蠹攻之；政荒者，内嬖蠱之。女寵之戒，甚於防敵。詩曰：「赫赫宗周，褒姒滅之。」可不鑒哉！**瘁，音翠。蠹，音妒。嬖，音僻。蠱，音古。褒，音包。言樹木凋瘁而枯朽，由蠹蟲攻食其内；國家政事荒廢者，由女寵淫嬖蠱惑於君。古人謂女色爲女戎，蓋防之如兵敵也。正月之詩言，幽王寵褒姒而喪身，西周以亡，是赫赫然宗周之大邦，由褒姒一人以滅之也。女戎之害，可不戒哉！**夫上下之分，尊卑之等**

也；夫婦之道，陰陽之義也。諸侯大夫士庶人之妻，能推是道，以事其君子，則家道鮮有不盛矣。鮮，上聲。天上地下，天尊地卑，女子事夫如天，則尊卑之分明。夫陽婦陰，陽主動，故剛健而專制；陰主静，故柔順而不違。自后妃以至於士庶之妻，皆由此道以事其夫，則無不利矣。

校勘記

〔一〕以成其德　「成」字底本作「戒」，據李光明莊本改。

〔二〕音雖　「雖」字底本作「須」，據崇德書院本、李光明莊本改。

〔三〕女官名　「官」字底本作「言」，據漢官儀、漢舊儀之記改。

事舅姑章第十四

婦人既嫁，致孝於舅姑。舅姑者，親同於父母，尊擬於天地。言婦人之於舅姑，親愛同於父母，尊敬同於天地。善事者，在致敬，致敬則嚴；在致愛，致愛則順。專心竭誠，毋敢有怠，此孝之大節也，衣服飲食其次矣。言善事舅姑，在致其敬愛，致敬則嚴恪而心專，致愛則柔順而竭誠，乃可以爲孝。若夫旨甘其飲食，潔净其衣服，又其次矣。故極甘旨之奉，而毫髮有不盡焉，猶未嘗養也；盡勞勩之力，而頃刻有不恭焉，猶未嘗事也。勩，音異，極其勞而不倦，謂之勤。言奉養舅姑者，極致甘旨之美，稍有一毫不盡，猶如未養；敬事舅姑，極盡勤勞之力，稍有一念不恭，猶如未事。甚言竭力於終身，不可有一日之懈也。**舅姑所愛，婦亦愛之；舅姑所敬，婦亦敬之。樂其心，順其志。有所行，不敢專；有所命，不敢緩。此孝事舅姑之要也。**舅姑之所敬愛之人，婦亦體其心而敬愛之。娛樂其心，恭順其志；行事必稟命不專，承命必躬行而勿緩，此孝親之要也。**昔太任思媚，周業基隆；長孫盡孝，唐祚以固。甚哉！孝事舅姑之大也。**長孫文德皇后，唐太宗之配也。言太任能愛媚於太姜，故生文王以興周室。長孫能孝敬於舅姑，故配太宗以延唐祚，皆開基之賢后也。**夫不得於舅姑，不可以事君子，而況於動天地、通神明、集嘉禎乎！故自后妃以下至卿大夫及士庶人之妻，壹是皆以孝事舅姑爲重。詩曰：「夙興夜寐，無忝爾所生。」**言婦人不得意於舅姑，則不可以事其夫，欲比古之孝婦貞妻，感動天地，昭格神明，兆集嘉祥，垂芳萬世，其可得乎！故自后妃以下至於士庶之妻，一是皆以善事舅姑爲大也。小宛之詩曰：人當早興夜寢，盡其心志，無忝辱於父母也。婦能事其舅姑，則無忝於父母也。

奉祭祀章第十五

人道重夫昏禮者，以其承先祖、共祭祀而已。昏，與婚同。此明祭祀之重。言人倫之道以昏禮爲重者，以夫婦之義，生育以承繼先祖，中饋以共其祭祀，故不可以不重也。**故父醮子，命之**

曰：「往迎！爾相承我宗事。」母送女，命之曰：「往之女家，必敬必戒，無違夫子。」國君取夫人，辭曰：「共有敝邑，事宗廟社稷。」分雖不同，求助一也。女，音汝。醮，父母爲子女昏嫁而預享之也。蓋尊卑不敵，有酢無酬，故謂之醮。猶享天地神明，亦有酢無酬，而謂之醮也。子將親迎，父醮子而命之曰：往迎而輔相之內助，承我宗廟祭祀之事。女將嫁，母醮而送之曰：往之汝家，必恭敬戒慎，無違悖於汝之夫子。諸侯取夫人，致辭於婦家曰：相與共保有我之國邑，以奉宗廟社稷。由此觀之，貴賤不同，求內助一也。蓋夫婦視祭，所以備外內之官也。若夫后妃奉神靈之統，爲邦家之基，蠲潔烝嘗，以佐其事，必本之以仁孝，將之以誠敬，躬蠶桑以爲玄紞，備儀物以共豆籩，夙夜在公，不以爲勞。詩曰：「君婦莫莫，爲豆孔庶。」蠲，音涓。紞，音坦。官，猶職也。祭必夫婦同者，盡外內之職也。若后妃敵體天子，爲天地百神之主，爲邦國福澤之基，蠲治潔淨其烝嘗，以佐天子之祭祀，其禮至重至大。必先之以仁孝誠敬，躬親蠶桑，以成祭祀玄紞之服，備其儀文法物，以供宗廟之籩豆，夙夜恪恭，勞而無倦。楚茨之詩言：君王之主婦，莫莫然誠敬恭肅，以佐其祭祀，其潔修籩豆，孔盛而豐庶也。夫相禮罔愆，威儀孔時，宗廟享之，子孫順之，故曰：「祭者，教之本也。」苟不盡道而忘孝敬，神斯弗享矣。神弗享而能保躬裕後者，未之有也。凡內助於君子者，其尚勖之！言后妃以及諸侯卿大夫之妻，皆有輔相其夫以成祭祀之職。若相禮而無愆違，威儀孔盛於祭享之時，則宗廟神靈庶其歆享之矣，子孫奉事於其間，亦恭順而效法之矣。故禮曰：祭者，恭率子孫以事其先，欲其繼繼繩繩，傳法於後世，乃教之本也。若不敬供其祀，而無孝敬之心，則在天之神靈弗享之矣，神靈不享，其祀尚能保其身而垂裕於後乎？故凡有内助之任者，其勖勉之，宜敬事而無怠也。

母儀章第十六

孔子曰：「女子者，順男子之教而長其理者也，是故無專制之義。」所以爲教，不出閨門，以訓其子者也。長，上聲。此明母儀之教。先言知識之由，言女子本無知識，由男子立教於先，父母順而教之，女子順而法之，如能開其心智，而長其倫理，是故在家從父，出嫁從夫，而無專制之義。其法施教令，不出於閨門，而訓其子女，斯母儀之職也。**教之者，導之以德義〔一〕，養之以廉遜，率之以勤儉，本之以慈愛，臨之以嚴恪，以立其身，以成其德。**教之之道，當導引之以德義之方〔二〕，敦養之以廉遜之節，董率之以勤儉之道，而本之以慈愛之心，臨之以嚴恪之重，斯可以立其身而成其德矣。**慈愛不至於姑息，嚴恪不至於傷恩，傷恩則離，姑息則縱，而教不行矣。詩曰：「載色載笑，匪怒伊教。」**所謂慈愛者，本於心而不姑息；嚴恪者，見於色而不傷恩。嚴而傷恩，則離背而不親；愛而姑息，則驕縱而廢禮。故魯頌泮水之詩言，能教者不失其和顔笑貌，而子弟皆樂從之矣。**夫教之有道矣，而在己者亦不可不慎。是故女德有常，不踰貞信；婦德有常，不踰孝敬。貞**

信孝敬，而人則之，詩曰：「其儀不忒，正是四國。」此之謂也。教之之道，不過如此，而在己之修身有道，成德無虧，方可以爲母儀，不可不慎也。蓋女德不過於貞信，婦德不過於孝敬，貞信孝敬不失於身，故子孫男婦則而法之，斯無忝於母儀矣。曹風之詩意云：君子威儀，無有差忒，而四國法之，以爲正則。斯可爲母儀之道也夫！

校勘記

〔一〕導之以德義　「義」字底本作「美」，據李光明莊本改。

〔二〕當導引之以德義之方　「以」字原脱，據李光明莊本補。

睦親章第十七

仁者無不愛也，親疏内外，有本末焉。此章明睦親之道。言仁者之性，固無不愛，亦有親疎、内外、本末之不同，當於此而別其輕重次第焉，斯得睦親之道矣。**一家之親，近之爲兄弟，遠之爲宗族，則同乎一源矣。**言一家則兄弟爲親，宗族爲疏。兄弟、宗族，雖有親疎，上本於祖考，由水派雖分，同出乎一源也。然自婦道觀之，我之兄弟、宗族雖同乎一源，吾既從夫，則兄弟、宗族雖親而亦疎矣，夫之兄弟、宗族與我雖異姓，然女以夫家爲重，雖疎而亦親矣。**若夫娣姒姑姊妹，親之至近者**

矣，宜無所不用其情。夫弟婦爲娣，兄妻爲姒，及夫之姑姊妹，乃親之至近者，有同事舅姑之誼，則親愛宜無所不至也。夫木不榮於幹，不能以達支；火不灼於中，不能以照外。是以施仁必先睦親，睦親之務，必有內助。灼，音勺。木生岐爲幹，幹生條爲枝。言幹不榮則枝不潤，火不燃則照不明。是以君子治家，必以睦親爲務，欲睦其親者，必有賢內助以爲之主焉。一源之出，本無異情，間以異姓，乃生乖別。書云：「惇睦九族。」詩云：「宜其家人。」主乎內者，體君子之心，重源本之義，敦頍弁之德，廣行葦之風。惇，同敦。頍弁，音跂卞。頍弁，小雅；行葦，大雅。皆詩篇名，宴樂兄弟親戚之詞也。言君子孰不知兄弟、宗族、姑姊妹爲一源之出，而思親睦之，而不賢之婦常視爲異姓，與己爲疎而間隔之，致生乖違别異，君子不被其惑者，鮮矣。書稱帝堯克明峻德，以睦九族之宗親；詩稱后妃風化二南，皆有宜家之淑女。若賢內助能體君子之心，重同源一本之義，敦頍弁、行葦之風，則親族無不睦矣。仁恕寬厚，敷洽惠施。不忘小善，不記小過。録小善則大義明，略小過則讒慝息，讒慝息則親愛全，親愛全則恩義備矣。睦親之道，當本之以仁，待之以恕，御之以寬，敦之以厚，廣敷其惠，周洽其施。雖有小善，記之不忘；雖有小過，忘之不記。記善則恩義日長，忘過則讒言不作，親愛全而恩義備矣。疎戚之際，藹然和樂，由是推之，內和而外和，一家和而一國和，一國和而天下和矣，可不重哉！夫內助賢而親戚睦，皆藹然和樂，率由是道而推廣之，諸侯卿大夫士庶之妻，無不相其君子，睦其親戚，以成內助之美，則內外雍睦，家國咸和而天下平矣，可不重哉！

慈幼章第十八

慈者，上之所以撫下也，上慈而不懈，則下順而益親。故喬木竦而枝不附焉，淵水清而魚不藏焉。甘瓠藟於樛木，庶草繁於深澤，則子婦順於慈仁，理也。此章言慈幼之道。以上撫下爲慈，上慈而不倦懈，則卑幼益順而親之。喬木上竦而下則無枝，淵水澄清而魚則遠避，是以甘瓠蔓生附於盤屈之樛木，衆草繁雜叢於蓊翳之深澤，以其能容也。上仁慈而能容，則子孫男婦敬順而親愛之，其理然也。蓊翳，音甕義，水草茂盛、枝蔓繁蔽也。**若夫待之以不慈，而欲責之以孝，則下必不安。下不安則心離，心離則忮，忮則不祥莫大焉。**忮，音技。上不慈而責下以孝，則下心離背而不安，不安則忮害之心生，不祥之甚也。**爲人父母者，其慈乎！其慈乎！然有姑息以爲慈，溺愛以爲德，是自蔽其下也。故慈者，非違理之謂也，必也盡教訓之道乎！**言爲親者必以慈爲本，重言以申曉之。然有姑息縱容、偏愛護短以爲慈者，是自蒙蔽貽害其子孫，非慈也。不違其理而訓之以正，盡其仁愛之心，斯可謂之慈矣。**亦有不慈者，則下不可以不孝，必也勇於順令如伯奇者乎！**夫慈者上之恩，不可必期者也，上或不慈，則下不可以不孝。昔周尹吉甫惑於後妻之言，欲殺其子伯奇，伯奇不敢辯，乃順命而死，至孝也。然伯奇之孝，適以彰父母之不慈耳，故當以慈爲重也。

逮下章第十九

君子爲宗廟之主，奉神靈之統，宜蕃衍嗣續，傳序無窮。不言天子而言君子者，總諸侯卿大夫而言也，逮自上及下也。此章明以恩逮下之道。言君子奉宗廟、享神靈、垂統緒，宜蕃衍子孫、傳續胤序，以延無窮之祚。**故夫婦之道，世祀爲大。古之哲后賢妃，皆推德逮下，薦達貞淑，不獨任己，是以茂衍來裔，長流慶澤。**言夫婦以傳世繼祀爲重，古之賢后妃，皆推廣恩德以及其下，簡妾御之貞淑者，薦達於君，不專任一己之寵，是以後裔廣衍，子孫衆多，福慶長流於百世。**周之太姒有逮下之德，故樛木形福履之詠，螽斯揚振振之美，**螽，音中。振，平聲。樛木，詩意見前篇。螽斯，蝗屬，一生九十九子。振振，美盛貌。詩云：「螽斯羽，詵詵兮。宜爾子孫，振振兮。」以比后妃不妒忌而子孫衆多，振振美盛如螽斯，子孫蕃盛和悦而飛集也。太姒之德如此，故詩人詠之，比於樛木、螽斯，美善不一而足。**終能昌大本枝，綿固宗社，三王之隆，莫此爲盛。**三王，夏、殷、周也。言后妃賢而胤嗣廣，本枝大而宗社寧，夏殷之世，雖有賢妃，不若周之爲盛也。**故婦人之行，貴於寬惠，惡於妒忌。月星並麗，豈掩於末光？松蘭同畝，不嫌於並秀。**行、惡，並去聲。言婦德貴寬而惡妒，月大而星小，同麗於天；松高而蘭下，同植於地。月不掩星之光，松不礙蘭之秀。以比嫡賢且美，能容衆妾而不妒也。**自后妃以至士庶人之妻，誠能貞静寬和，明大孝之端，廣至人之意，**

不專一己之欲，不蔽衆下之美，務廣君子之澤，斯上安下順，和氣烝融，善慶源源，肇於此矣。言自后妃以及士庶之嫡妻，誠能推廣古昔至賢后妃之德意，不專欲而㪟下，能寬和以廣嗣，上下安順，和氣集於庭幃，而福澤善慶之源肇始於此矣。

待外戚章第二十

知幾者，見於未明；禁微者，謹於抑末。自昔之待外戚，鮮不由始縱而終難制也，雖曰外戚之過，亦係乎后德之賢否耳。此明后妃待外戚之道。見於未萌，事未兆而預防之；謹於抑末，先戒其小過，使敬憚而不敢爲非。古外戚之專權病國，皆由君后縱之於始，彼得肆無忌憚，後雖欲制之，反爲其所制而國亂矣，大則宗社危亡，小則身家喪滅，雖外戚之罪，亦君后之不明所致也。漢明德皇后，修飭內政，患外家以驕肆取敗，未常加以封爵；漢明帝馬后恐外戚恃寵驕横，故馬氏之門不加封爵。唐長孫皇后，慮外家以富貴招禍，請無屬以樞柄，故能使之保全。唐太宗長孫后常言於帝，請無任外家以樞要之權柄。二后深明大體，故二家得以保全。其餘若呂、霍、楊氏之流，僭踰奢靡，氣焰熏灼，無所顧忌，遂致傾覆。良由內政偏陂，養成禍根，非一日矣。易曰：「馴致其道，至堅冰也。」焰，音晏。漢高帝后呂氏、宣帝后霍氏、晉武帝后楊氏三家，皆恃寵僭越，專擅國政，恣無忌憚，以取滅亡，良由后妃內政偏私，養成禍根，甚致欲自保其身而不能。故堅冰非一日之寒，大禍非一朝之積，易坤之初六辭曰：「履霜堅冰至。」象曰：「初六履霜，陰始凝也。馴致其道，至堅冰也。」以明人初履霜，則知陰氣凝而堅冰之將至，不戒初肆寵，則知驕氣盈而禍患之方來也。**夫欲保全之者，擇師傅以教之。隆之以恩而不使撓法，優之以禄而不使預政。杜私謁之門，絶請求之路，謹奢侈之戒，長謙遜之風，則其患自弭矣。**弭，音米。弭，解也。言后妃欲保全外家，當如漢和帝鄧皇后，選朝臣公忠廉正而多學者，使之教外家子弟，置學以處諸外戚，使誦讀於其中，則得教之之道矣。又當隆之以恩，不使撓阻國法；重之以禄，而不許干預朝政。杜塞營私干謁之門，斷絶請告求恩之路。教之以謙讓，戒之以奢侈。則能長保富貴，而灾患消弭矣。**若夫恃恩姑息，非保全之道。恃恩則侈心生焉，姑息則禍機蓄焉。蓄禍召亂，其患無斷。盈滿招辱，守正獲福。慎之哉！**言外戚恃恩，后妃姑息，俱非保身全家之道。蓋恃恩則驕侈生，姑息則禍害伏〔一〕。外戚包藏禍心，召致亂亡，其患在始於無斷〔二〕。后妃有斷制之明，杜禍機於未亂之先，則不至於危亡而覆其宗矣。故盈滿者，敗辱之道也，守正者，福祐之由也，可不慎哉！

校勘記

〔一〕姑息則禍害伏　「禍」字底本漫漶不清，據書業堂本、崇德書院本、李光明莊本補。

〔二〕其患在始於無斷　「於」字底本漫漶不清，據書業堂本、崇德書院本、李光明莊本補。

女論語

唐書列傳

宋若昭，貝州人，世以儒聞。父棻，好學，生五女，若莘、若昭、若倫、若憲、若荀，皆慧美能文。若昭文詞高潔，不願歸人，欲以文學名世。若莘著女論語，若昭申釋之。德宗貞元中，昭義節度使李抱貞表其才〔一〕，詔入禁中，試文章、論經史，俱稱旨。帝每與群臣賡和，五女皆預焉，屢蒙賞賚。姊妹俱承恩幸，獨若昭願獨居禁院，不希上寵，常以曹大家自許〔二〕，帝嘉其志，稱爲女學士。拜内職，官尚宫，掌六宫文學，職與外尚書等。兼教諸皇子、公主，皆事之以師禮，號曰「宫師」。歷德、順、憲、穆、敬凡五朝，寶曆中卒，贈梁國夫人。有詩文若干卷並所訂女論語行世。棻，音焚。

校勘記

〔一〕昭義節度使李抱貞表其才　「昭義」底本作「盧龍」，據新、舊唐書宋若昭傳改。

〔二〕常以曹大家自許　「許」字底本作「評」，據崇德書院本、李光明莊本改。

女論語序傳

大家曰：「妾乃賢人之妻，名家之女，四德粗全，亦通書史。大家，音泰姑。大家，漢曹大家也。此書宋氏所作，而云大家者，猶女孝經出自唐鄭氏，不敢自居其名，而託云曹大家也。此篇首叙著書之意，故稱大家之言：吾名門女，賢士妻，德容言工，四者粗備，經傳子史，群書遍覽也。**因輟女工，閒觀文字，九烈可嘉，三貞可慕。深惜後人，不能追步，**烈，光也。九烈，言女子全貞完德，有光於夫子，上榮高祖，下蔭玄孫，光烈昭於九族也。貞，純一其志，操而不二也。「三貞」云者，女子在家孝於父母，出嫁孝於舅姑，敬於夫子，三者之間，皆克盡其貞純之德，斯爲女子之全行。然此乃古人所常，今人宜勉而法之，恐後之女子不能追其步跡，而履其行也。**乃撰一書，名爲論語。敬戒相承，教訓女子。**恐女教未修，乃編撰此書，名曰女論語。俾使女子童而習之，必敬必戒，承順其言，體而行之，方成賢淑，世之遵守，以爲女子之規則。**若依斯言，是爲賢婦。罔俾前人，獨美千古。」**

言女子若能依此而行，即與古之賢婦貞女同其美名。罔俾，猶言無使也。後世女子能遵行此教，則賢良衆多，不使前賢獨擅美名於千古而無繼也。

立身章第一

凡爲女子，先學立身。立身之法，惟務清貞。立，猶成也。立身，成其爲人之道也。成人之道何如？在清貞二字而已，端潔安靜之謂清，純一守正之謂貞。**清則身潔，貞則身榮。**女子而能清，則潔静而無玷；女子而能貞，則身立而名榮。**行莫回頭，語莫掀脣。坐莫動膝，立莫摇裙。喜莫大笑，怒莫高聲。**掀，音軒。行步回頭則失觀瞻之節，掀脣露齒則無言語之容，動膝則坐無定，摇裙則立不穩，四者皆賤相也，當切戒而莫爲。喜而大笑則失儀，怒而高聲則廢禮，豈婦人女子之道？二者皆輕相也，當謹慎而勿犯。**内外各處，男女異群。莫窺外壁，莫出外庭。出必掩面，窺必藏形。**處，上聲。窺，音虧。禮：男子處外，女子處内，男行從左，女行從右，各不相犯，故曰異群。女子無事，不窺視户壁之外，不出外庭之中。有不得已出外庭，則用巾扇以遮蔽，無使男人見其面；有故必窺外户，當隱蔽其形，無使外人得見其身。**男非眷屬，莫與通名。女非善淑，莫與相親。立身端正，方可爲人。**男子非兄弟至親，雖有大故，言語之間不得通稱名字；女子非賢善柔淑，雖至戚，亦不可與之常相親近，恐累己之德。如此則立身端莊正大，方可以爲人矣。

學作章第二

凡爲女子，須學女工。紉麻緝苧，粗細不同。車機紡織，切勿匆匆。紉，音銀。苧，音住。此章言女工之道。蓋工爲女子四德之一，不可不學，知學而不可不勤也。紉，搓輾也。苧，綮麻，紉其絲而緝之，以備織布也。麻苧二布，各有粗細不同，而紉緝之間，須純一如式，不可有粗細之異也。紉緝既畢，則用紡車紛其紗線，然後穿引上機，以織布疋也。然紡織之間，用工宜勤慎精工，疎密如式，不可匆忙而苟略也。綮，音頃。**看蠶煮繭，曉夜相從。採桑摘柘，看雨占風。滓濕即替，寒冷須烘。取葉飼食，必得其中。取絲經緯，丈疋成工。**繭，音簡。柘，音遮，去聲。滓，音子。飼，音嗣。此言蠶織之事，言男耕女織，人之大務，桑蠶之業，女子之專事也。養蠶繅繭之工，宜辛勤料理，早起夜眠，不可嬾惰。採桑柘之葉，以供蠶食。亮架飼食，風雨宜謹，滓濕即替換其筐，寒冷則用炭火烘焙。飼葉必按時，晝夜均匀，使之不傷於飢飽。蠶既成繭，繅其絲以別經緯，織以爲丈疋，則蠶織之工備矣。**輕紗下軸，細布入筒。綢絹苧葛，織造重重。亦可貨賣，亦可自縫。刺鞋作襪，引線繡絨。縫聯補綴，百事皆通。能依此語，寒冷從容。衣不愁破，家不愁窮。**綴，音墜。言紗本生絲輕脆，則卷軸之，細布則彙卷成筒，而便於堆貯也。布疋綢絹，重疊積聚，貨賣以資日用。餘者造作衣裳，以禦寒暑，或有餘工，造作鞋襪，針指女工，無所不習。女子能依此訓，則家道豐足而無窮乏之患矣。**莫學懶婦，積小癡慵。不貪女務，不計春冬。針線粗率，爲人所攻。嫁爲人婦，恥辱門風。衣裳破損，牽西遮東。遭人指點，恥笑鄉中。奉勸女子，聽取言終。**積小，猶言自小積成嬾之性，以致愚癡也。機杼針指，女子之當務，乃棄而不貪；春蠶冬醖，女子之當知，乃廢而不計。及勉强爲針線之事，則苟且粗率，爲父母所攻責，出嫁爲婦，爲舅姑所賤惡，而辱及門風，貽羞父母矣。婦女而不勤針線之事，非惟不能照管舅姑、夫子之衣，即自己衣裳，亦破綻而不能補綴，牽西以遮東，捉衿而露肘，豈不爲傍人指點談笑？懶惰之名傳播於鄉黨，爲女子者，可不戒哉！敬聽此言而無忽也。

學禮章第三

凡爲女子，當知禮數。女客相過，安排坐具。整頓衣裳，輕行緩步。斂手低聲，請過庭户。問候通時，從頭稱叙。答問殷勤，輕言細語。備辦茶湯，迎來遞去。此章言待客之道。男主於外，女主於内，男子待賓朋於廳堂，女子待女客於内室，禮也，然其禮數，不可不知。如有女客，未至之先，灑掃内室，安排欵坐之處及飲食茶湯之具，俱要預先整辦。及其至也，整肅儀容，理正其衣裳，端詳穩重，輕步低聲，和顔悦色，迎請以至庭户之中，從容見禮。叙坐之後，問其起居安否，候其間别之情，通其往來酬答之儀，叙其寒暑時日之變。言語之間，次第有序，應對隨方，和緩而不急遽，輕盈而不高聲，茶湯香潔，酒食豐腆，迎送獻酬，安詳中禮，待客之儀盡矣。**莫學他人，擡身不顧。接見依稀，有相欺侮。**言休學傲慢無禮之人，見客之來，待起不起，洋洋然擡其身而不顧盼，接見怠敖，禮貌依稀而不週。言語之間，或欺其無知，或輕其貧賤，侮慢而不禮也。**如到人家，當知女務。相見傳茶，即通事故。説罷起身，再三辭去。主若相留，禮筵待遇。酒略沾唇，食無叉筯。退盞辭壺，過承推拒。**婦女有事，如到親戚之家，當行女子所務之禮，如前待客之儀。傳茶之後，即通候叙故，言畢相辭。主若固留欵待，飲酒不致面紅，匕筯不可叉亂。主若添盃，起身遜辭，不得戀坐延遲，有失禮節。**莫學他人，呼湯呷醋。醉後顛狂，招人所惡。身未回家，已遭點污。**呷，呼甲反。惡，去聲。切勿效小家婦女，席間恣無禁忌，大嚼狂飲，湯乾醋盡而不知止，飲酒致醉，言語狂妄，回家之時，行步歪斜，衣裳垢污。如此女人，爲人所賤惡矣。**當在家庭，少游道路。生面相逢，低頭看顧。**言女子宜不出户庭，不可游行道路。不得已而行，必遮蔽其面，無使生人玩其顏色，是必低頭顧步緩行，而不失其儀。**莫學他人，不知朝暮。走遍鄉村，説三道四。引惹惡聲，多招罵怒。辱賤門風，連累父母。損破自身，供他笑具。如此之人，有如犬鼠。莫學他人，惶恐羞辱。**莫學無知之女，專好閒行，不顧早晚，走串鄉村，恣言談説是非而無忌憚。至於東鄰西舍，换口厮鬬，惡言辱駡争鬬，損傷顏面衣襟，玷辱家門父母，破敗自己身名，以供傍人笑話。如此之人，不如犬鼠，有何益哉！戒爾女子，切莫學此輩之人，自招惶恐羞辱也。

早起章第四

凡爲女子，習以爲常。五更雞唱，起着衣裳。盥漱已了，隨意梳妝。揀柴燒火，早下厨房。摩鍋洗鑊，煮水煎湯。盥，音管。鑊，黄入聲。此章言早起之事。夙興夜寐，女子之常，一日之計在寅，早起則百事可備，禮曰：「女子之道，雞初鳴，着衣盥漱。」先問安於父母，下厨覓柴火，洗鍋鑊，煎烹茶水，以進父母、舅姑。**隨家豐儉，蒸煮食嘗。安排蔬菜，炮豉舂薑。隨時下料，甜淡馨香。整齊碗碟，鋪設分張。三飡飯食，朝暮相當。侵晨早起，百事無妨。**舂，音充。茶湯既畢，早膳及時。至於菜蔬，隨家有無，豐則豐盈，儉則省儉，因時冷暖之宜，或蒸或煮，而鹽豉椒薑，各隨其性而下之，以甜淡馨香爲度。潔静碗碟，照人數分散均匀，務以豐滿者爲父母、舅姑之膳。三飡如式，習以爲常，然後退執女工，庶無廢事。蓋早起則百事攸爲，稍或延遲，則治食不能用工，用工則不能治食矣。**莫學懶婦，不解思量。黄昏一覺，直到天光。日高三丈，猶未離床。起來已晏，却是慚惶。未曾梳洗，突入厨房。容顔齷齪，手脚慌忙。煎茶煮飯，不及時常。**覺，音教。齷齪，音沃齱。懶婦不思日計，惟好貪眠，方黄昏而寢，日已高而不起。或被父母、舅姑嗔責，慚惶無地，不及梳洗而入厨房，容顔手足垢污慌忙，烹煮不能如式，茶飯不能及時，蓋一懶之誤而百工俱廢矣。**又有一等，餔餟争嘗。未曾炮饌，先已偷藏。醜呈鄉里，辱及爺娘。被人傳説，豈不羞**

惶！餔，補，平聲。餟，音拙。又有好喫婦人，飲食餔餟，必先嘗食。食之不已，又私偷藏，蓋以爲自享，不顧父母、舅姑之饌。或被尊長察覺，羞辱怒駡，貽累父母。好口不良，一至於此，可勝笑哉！好，去聲。勝，平聲。

事父母章第五

女子在堂，敬重爹娘。每朝早起，先問安康。寒則烘火，熱則扇涼。飢則進食，渴則進湯。此章言事父母之道。爲女子者，每日早起，先問父母之安，寒則預備炭火，暖則扇其床蓆，潔凈涼爽之處，以待父母之起，飢餐渴飲，各得其宜。**父母檢責，不得慌忙。近前聽取，早夜思量。若有不是，改過從長。**或己有過誤，父母嗔責之，不得强辯，須從容敬聽，不待因此慌忙誤事。早夜思量自己過失，如何而後可以無過，如何而後可免父母嗔責，必求改之而後已。**父母言語，莫作尋常。遵依教訓，不可强良。若有不諳，借問無妨。**諳，音安。諳，明習也。父母所教誨之言，不可忽略，須體貼遵依，不得强良違拗，自作聰明。或有不明之處，不妨從容借問父母。**父母年老，朝夕憂惶。補聯鞋襪，做造衣裳。四時八節，孝養相當。**父母老邁，喜其高年壽考，憂其光景無多。時常照看其衣鞋，勿使破綻寒薄；調理其飲食，勿令過飽過飢。四時八節，致其宴樂，盡其孝養，蓋少年遇節則喜，老年遇節則悲，常恐良時不能再遇，故逢時節，務使奉養無虧，使其樂而忘老，方可爲孝。**父母有疾，身莫離床。衣不解帶，湯藥親嘗。禱告神祇，保祐安康。**或遇父母有疾，爲女者須朝暮不離床席，衣不解帶而寢，目不交睫而睡，湯藥必先嘗而後進，敬心禱祝於神明，必求安復而後已。**設有不幸，大數身亡。痛入骨髓，哭斷肝腸。劬勞罔極，恩德難忘。衣裳裝殮，持服居喪。安埋設祭，禮拜家堂。逢周遇忌，血淚汪汪。**或不幸至於死亡，必須哀痛呼號，稽顙泣血，常思父母劬勞之恩，如天罔極。如有私財，不可因子女異念，而改其孝心，必須竭盡其力，以助兄弟之不及。衣衾棺槨、隨身殯殮之物，必宜周慎詳明，不可遺失。持孝居喪，必誠必敬。葬祭之禮，須要盡心。時節、周年、忌日，必哀思哭泣，不可因爲女而廢其禮，不可以已嫁而改其心。方可謂生事盡力、死事盡思者也。**莫學忤逆，不敬爹娘。纔出一語，使氣昂昂。需索陪送，争兢衣妝。父母不幸，説短論長。搜求財帛，不顧哀喪。如此婦人，狗彘豺狼。**言不賢之女，不知孝敬父母，有訓不肯順從，少有責備，便生氣憤。在家争兢衣飾，索取嫁資；出嫁則偏向夫婿，不親父母。父母身故，則閑言絮語，謗摘兄嫂、弟婦，搜索父母遺財，全無哀傷喪戚之容。如此之女，真如豺狼之惡，豬狗之不如矣。

事舅姑章第六

阿翁阿姑，夫家之主。既入他門，合稱新婦。供承看養，如同父母。此章言事舅姑之禮。舅姑乃夫之父母，一家之主也，女子從夫，於舅姑之前，當盡新婦之禮，敬事恭承，亦如父母之禮也。**敬事阿翁，形容不覩。不敢隨行，不敢對語。如有使令，聽其囑咐。**新婦於阿翁之前，低眉下氣，不敢仰視其形容，不敢追隨其行步。如有語言，側侍而聽，從容對答，不敢對翁之面而語。如有使令，委婉聽從，依其囑咐而無違誤。**姑坐則立，使令便去。早起開門，莫令驚忤。灑掃庭堂，洗濯巾布。齒藥肥皂，温凉得所。退步堦前，待其浣洗。萬福一聲，即時退步。**姑坐則婦侍立於側，有所使喚，即去莫違。每早起時，開門動户，莫使響動有聲，恐其驚覺舅姑之寢。用水灑地，掃静内庭。静洗手巾展布，以待日用。舅姑當起，洗面之時，預暖面湯，安排巾布、齒灰、肥皂之具。至於面湯，須用温暖預待，不可過熱，不可停冷。送至舅姑之所，退立以待，其盥洗既畢，問其安否。退入厨堂，治辦茶飯。**整辦茶盤，安排匙筯。香潔茶湯，小心敬遞。飯則軟蒸，肉則熟煮。自古老人，齒牙疏蛀。茶水羹湯，莫教虚度。**既入厨下，收拾洗抹茶盤、碗碟、匙筯。茶湯務要潔净馨香，小心恭敬，奉於舅姑。飯宜軟蒸勿硬，肉宜熟煮勿生，當念年老之人齒牙稀疎、蛀朽而不堅，宜軟而不宜硬也。一日之間，隨時豐儉，須要勤奉茶湯餅果，當念老人日長腹空，不可虚度也。**夜晚更深，將歸睡處。安置相辭，方回房户。日日一般，朝朝相似。傳教庭幃，人稱賢婦。**夜膳已畢，舅姑將寢，必請二親安置，然後辭歸己房，則一日事舅姑之道畢矣。須要日日朝朝久敬不倦，方成孝婦。人人皆知爲婦之道如此不難，惟長遠敬奉，久而不衰，然後爲難也。事舅姑之禮既盡，則庭幃之間，弟婦子女效而法之，咸遵其教，鄉黨之間，婦人閨女敬而尊之，悉美其孝，是一家孝而一鄉俱孝矣。**莫學他人，跳梁可惡。咆哮尊長，説辛道苦。呼喚不來，飢寒不顧。如此之人，號爲惡婦。天地不容，雷霆震怒。責罰加身，悔之無路。**跳梁者，置籬於水中，以防魚之出，力大之魚跳梁而出，以比婦人不遵舅姑之教而自恣也。咆哮，惡聲之大，以比婦人無禮高聲於尊長之前。言不孝之婦驕傲自恣，惡聲無禮，誇能説苦於舅姑之前，不聽其使喚，不顧其飢寒，則真惡婦人。天地雷霆，豈容此不賢不孝之人哉！及乎災殃患疚罰及其身，始知不孝之罪，悔之無路矣。咆哮，音庖豪。

事夫章第七

女子出嫁，夫主爲親。前生緣分，今世婚姻。將夫比天，其義匪輕。夫剛妻柔，恩愛相因。此章言事夫之道。言女子在家從父，出嫁從夫，夫者，一身之主也。然夫婦異姓相合，以爲婚姻，豈偶然哉？由於前生契合之緣，故成今世夫妻之好。禮云：「夫者，婦之天也。」陽剛陰柔，天地之大義；夫恩婦愛，人道之大經。**居家相待，敬重如賓。夫有言語，側耳詳聽。夫有惡事，勸諫諄諄。莫學愚婦，惹禍臨身。**女子從夫，一身之主，有君臣之義；服喪三年，有父子之親；共事父母，有兄弟之誼；異姓相諧，有朋友之道。故夫婦之禮，備於五倫，宜相親相愛，待如賓客。如有言語，必敬聽而從之；如行非禮之事，必善勸而阻之。莫效不賢之婦，非惟不能阻夫之惡，反相助爲非，或自行非禮，以累其夫，灾禍臨身，悔之何及也。**夫若出外，須記途程。黄昏未返，瞻望思尋。停燈温飯，等候敲門。莫若懶婦，先自安身。**言夫如出外，遠近必問明方向，遠則以便寄書，近則留燈頓飯，以待其來。或望久不至，必令人尋訪，以速其歸。莫學不賢懶婦，夫未至而先眠，無燈無火，不問其食與未食也。**夫如有病，終日勞心。多方問藥，遍處求神。百般治療，願得長生。莫學蠢婦，全不憂心。**夫如有病在身，當每日焦勞，小心看視，調理湯藥，求神問卜，祈保平安。夫病稍愈，飲食衣服，愈加小心謹慎，調護安全。勿效不賢之人，任夫有病，全不經心。**夫若發怒，不可生嗔。退身相讓，忍氣低聲。莫學潑婦，鬭鬧頻頻。**夫主倘然有事嗔怒，當下氣怡聲，不可回言抵觸。勿效撒潑婦女，每日尋非，與夫争鬭。**粗絲細葛，熨帖縫紉。莫教寒冷，凍損夫身。家常茶飯，供待殷勤。莫教飢渴，瘦瘠苦辛。同甘同苦，同富同貧。死同棺槨，生共衣衾。**紉，音銀。瘠，音即。夫主所着冬夏衣裳，時宜熨帖，縫綴整齊，及時備辦，恐天寒而莫措也。至於茶飯飲食，須要殷勤奉侍，勿令飢渴致疾。夫婦之道，同其苦樂，共其貧富，生則同衾而共處，死則並棺而合葬，理之常也。**能依此語，和樂瑟琴。如此之女，賢德聲聞。**賢良之女，依此語而行之，則夫妻好合，琴瑟和諧，賢德之名，聞於閭里矣。

訓男女章第八

大抵人家，皆有男女。年已長成，教之有序。訓誨之權，實專於母。此章言母儀之道。言既爲夫婦，必生男女，男女既生，則母儀之法不可不知也。父主外事，母主内事，男女幼小，居處於内，故母教爲專。**男入書堂，請延師傅。習學禮儀，吟詩作賦。尊敬師儒，束脩酒脯。**男子六歲便可讀書，當請明師訓之，而延待師尊，束脩贄敬之儀、宴請酒脯之禮，宜預辦殷勤，不可失禮。**女處閨門，少令出户。唤來便來，唤去便去。稍有不從，當加叱怒。**叱，音尺。養女以母訓爲主，女子自幼，勿令其出閨門。及少長，宜令其從母之教，凡有使令，不可違拗，如不聽從，即加責怒，勿長其驕傲之心。**朝暮訓誨，各勤事務。掃地燒香，紉麻緝苧。若在人前，教他禮數。遞獻茶湯，從容退步。**朝暮之間，訓誨女子，以勤儉爲先。燒香於家廟，致其恭敬；掃地於庭除，必期潔净。紉麻以供針線，緝苧以成布疋。若有賓客女眷來家，教其禮數週全，殷勤欵待茶湯，退步却立於母之後。**莫縱嬌癡，恐他啼怒。莫縱跳梁，恐他輕侮。莫縱歌詞，恐他淫污。莫縱遊行，恐他惡事。**女子不賢，皆母憐惜而故縱之過也。如縱之嬌癡，則養成無故啼號嗔怒之性；縱之跳梁、與母鬪口，則有輕慢翁姑、悔虐夫主之過；縱之聽歌唱曲，恐其習聽淫詞而生淫污之心；縱之閑行遊玩，恐其恣意而行邪僻陰私之事。不能禁之於未萌，則習性已成，萬難改過矣。**堪笑今人，不能爲主。**男

不知書，聽其弄齒。鬪閙貪杯，謳歌習舞。官府不憂，家鄉不顧。女不知禮，强梁言語。不識尊卑，不能針指。辱及尊親，有玷父母。如此之人，養猪養鼠。不明之人，生男不知教以詩書，任其逞乖調舌，争鬪酗酒，歌唱邪淫，不懼官府之法度，不理家庭之正務，不顧父母妻子之養，終成廢人。養女不知教以禮讓，任其言語好强，不敬尊長，不理針指之工，不習勤儉之事，出嫁於人，必不能遵婦道，而爲不孝之婦、不賢之妻，則貽誚尊親、羞玷父母，其始皆出母訓之不早也。如此等婦人雖生男女，其實與養猪養鼠相同。甚矣母儀之道，不可不明也。

營家章第九

營家之女，惟儉惟勤。勤則家起，懶則家傾。儉則家富，奢則家貧。此章言婦人營運成家之道。成家不難，在勤與儉二者而已矣。蓋勤儉二者，乃相需而不離，並行而不悖，勤以裕其儉，儉以輔其勤，勤而不儉，枉勞其身；儉而不勤，甘受其苦也。勤則興，懶則敗；儉則富，奢則貧，自然之理也。**凡爲女子，不可因循。一生之計，惟在於勤。一年之計，惟在於春。一日之計，惟在於寅。**勤力營家之人，不可因循懈怠，遲誤耽延，爲身之累不小。蓋女子年少能勤，則百事精能，爲一生之活計；當春而勤作，則衣食精良，爲一年之活計；當晨而勤作，則家務整辦，爲一日之活計。**奉箕擁帚，灑掃灰塵。撮除邋遢，潔净幽清。眼前爽利，家宅光明。莫教穢污，有玷門庭。**

奉，上聲。邋遢，音臘塔。箕，所以盛穢污。帚，所以除穢也。灑水而掃地，所以息止灰塵，言清晨灑掃以滌除穢。除去邋遢，不惟幽雅清閒，而眼前開爽、門户光輝矣。**耕田下種，莫怨辛勤。炊羹造飯，饋送頻頻。莫教遲慢，有誤工程。**至於耕種田土，莫憚勤勞。夫耕田而婦饋食，茶水均勻，時時照顧，不可遲延飢餓，以誤農工也。**積糠聚屑，餵養孳牲。呼歸放去，檢點搜尋。莫教失落，擾亂四鄰。**米糠飯屑，存積以餵牲畜。須當照管，收放以時，檢點無失，莫教奔入人家，以擾居鄰。**夫有錢米，收拾經營。夫有酒物，存積留停。迎賓待客，不可偷侵。**夫主錢穀有餘，必須收藏完固。酒食有餘，不可浪費，須留貯以待不時之賓客，不可私自飲食也。**大富由命，小富由勤。禾麻菽麥，成棧成囷。油鹽椒豉，盎甕裝盛**[一]**。猪雞鵝鴨，成隊成群。四時八節，免得營營。酒漿食饌，各有餘盈。夫婦享福，懽笑欣欣。**棧，音暫。囷，音君。盎，昂去聲。盛，平聲。言大富固有天命，若衣食豐足，日用不窮，是爲小富，則由於勤儉以積之。禾，稻穀也。麻，即芝麻。菽，豆也。棧，大倉。囷，以荆竹爲之，頓米之小倉也。言麻豆稻麥，各宜封閉倉棧之中，不可抛撒遺漏。油鹽椒豉，蓋藏甕盎之内，不可暴露變味。雞猪鵝鴨，及時畜養，各成群隊，務期孳生蕃盛。則時節之間，宴客之日，豐積有餘，而無奔營急措之患，夫婦之間，豈不綽然有餘裕哉！

校勘記

〔一〕盎甕裝盛　「裝」字底本作「粧」，據崇德書院本、李光明莊本改。

待客章第十

大抵人家，皆有賓主。滾滌壺瓶，抹光橐子。準備人來，點湯遞水。退立堂後，聽夫言語。此章言佐夫待客之事。壺瓶必須滾水滌洗，盤橐必須揩抹光輝，設有客來，便於欵待。欲留飲酌，須立堂後，聽夫指令，以便整備。**細語商量，殺雞爲黍。五味調和，菜蔬齊楚。茶酒清香，有光門户。**有客在外，輕言細語，與夫商量。稱家有無，隨其豐儉，必須滋味，調和適口，整置齊楚豐潔。茶鍾酒具精雅光瑩，其味清香馥烈，使客贊美稱賢，則於門户有光矣。**紅日含山，晚留居住。點燭擎燈，安排坐具。枕席紗厨，鋪氊叠被。欽敬相承，温凉得趣。次曉相看，客如辭去，别酒殷勤，十分留意。夫喜能家，客稱曉事。**如日晚途遥，客不能歸，必預爲整頓房舍，安排坐卧之具，床帳枕席氊被，鋪叠整齊，冷暖温凉，俱合其宜。次早仍備酒食，以俟其行，則待客之禮可謂周全，夫喜其能治家，客喜其能知禮矣。**莫學他人，不持家務。客來無湯，荒忙失措。夫若留人，妻懷嗔怒。有筯無匙，有鹽無醋。打男罵女，争啜争哺。夫受慚惶，客懷羞懼。**啜，音拙。言不賢之婦，閒時不理家務，客來愴惶無措，茶湯不具。夫若留客，嗔怪不容，勉强留賓，而匙筯不全，鹽醋不備。有客在堂，打兒罵女，争鬧飲食，醜惡之聲，揚於外庭，則夫面無顏而增慚愧之容，客受侮慢而有羞怒之色矣。**有客到門，無人在户，須遣家童，問其來處。客若殷勤，即通名字。當見**

則見，不見則避。敬待茶湯，莫缺禮數。記其姓名，詢其事務。等得夫歸，即當説訴。奉勸後人，切依規度。言夫若出門，有客至時，須令家童接待請坐，問其姓字，有何事務。或有内親長者，當見則延入後堂而拜禮之，不當見者則回避，遣人敬奉茶湯，詳記事務，俟夫至而陳説分明，不可差誤，欵客之道盡矣。

和柔章第十一

處家之法，婦女須能。以和爲貴，孝順爲尊。翁姑嗔責，曾如不曾。上房下户，子姪宜親。是非休習，長短休争。從來家醜，不可外聞。此章言和柔之道。陽剛陰柔，男女之義也，故處家者，以柔和爲貴；事親者，以柔順爲先。翁姑如有言語嗔責，雖曾猶如不曾，謹記其失而改之，不可記怨於心也。同房共户，幼小子侄之輩，宜憐愛而親恤之。妯娌姑嫂之間，不可談論是非，争兢長短，彼雖有醜惡之事，既在至親，即如我之不幸，豈可彰聞於外，以自揚其家醜也。東鄰西舍，禮數週全。往來動問，欵曲盤旋。一茶一水，笑語忻然。當説則説，當行則行。閒是閒非，不入我門。至於鄰舍，密邇親近，不可失其和睦。若有鄰家女眷往來，動問寒温，詢其欵曲，禮數週全，茶水奉敬，言笑歡忻，不失其禮。事當可説則言，不可談非禮之事；情當可往則往，不可入非禮之家。鄰家是非長短，我不預其事、不泄其言，則是非過咎不及於我矣。莫學愚婦，不問根源。穢言污語，

觸突尊賢。奉勸女子，量後思前。不賢之婦，好聽是非，一聞人言，不辨真僞，即出污穢之言，逞强争辯，觸犯尊長，傷殘至戚，毁罵鄰里，無所不至。此等婦人，皆因少年失教，理義不明，故居無好行，出無好語，敗禮喪德一至於此，可不戒哉！

守節章第十二

古來賢婦，九烈三貞。名標青史，傳到而今。後生宜學，亦匪難行。九烈三貞，解見前篇。言古之聖后良妃、賢婦烈女，名字標於青史之書，傳芳聲於千古，後生女子宜效法而勉行之，亦非高遠難行之事也。**第一守節，第二清貞。有女在室，莫出閨庭。有客在户，莫露聲音。**女子之道，守節爲第一義，清貞次之。清則冰清玉潔，志行光明；貞則柏操松堅，歲寒而不改。有女，宜令其處於内室，不離閨門。有客，則婦女低聲細語，不聞於外，此正家之至要也。**不談私語，不聽淫音。黄昏來往，秉燭掌燈。暗中出入，非女之經。一行有失，百行無成。**行，去聲。談論之間，不可言私僻之語，不可聽淫邪之音，以亂惑心志。禮云，女子「夜行以燭，無燭則止」，無燭而暗行，恐涉非禮之事，而招人謗議也。女有百行，皆要周全，一行有失，則爲女德之累，而百行不成也。**夫妻結髮，義重千金。若有不幸，中路先傾。三年重服，守志堅心。保家持業，整頓墳塋。殷勤訓後，存殁光榮。**結髮，猶總角，男女少年之時也。言結髮夫妻恩深義重，設有不幸，夫主身亡，當痛哭悲傷，服喪三年，守志終身，保守家業，祭掃墳塋。殷勤教管子女成人，以嗣先人之志，則存者、殁者皆有光榮矣。**此篇論語，內範儀刑。後人依此，女德昭明。幼年切記，不可朦朧。若依此言，享福無窮。**此總結全書之義。言我作此女論語十二篇，實乃內範姆教之儀刑，凡爲女子，當比而儀之、則而刑之也。若能依此而行，則女子之德昭明彰著，不亦賢乎！幼年之女，當熟讀此書，體而行之，則終身爲賢女孝婦、貞妻慈母矣，其享受福禄，豈有窮盡哉！

女範捷録

先慈劉氏，江寧人，幼善屬文，先嚴集敬公之元配也。三十而先嚴卒，苦節六十年，壽九十歲。南宗伯王光復、大中丞鄭潛庵兩先生，皆旌其門。所著有古今女鑑及女範捷録行世。

統論篇

乾象乎陽，坤象乎陰，日月普兩儀之照；乾坤者，天地之形；日月者，陰陽之體。天地之間，有陰必有陽，故男女生焉；有日必有月，故晝夜分焉。陰陽日月，是爲兩儀。**男正乎外，女正乎内，夫婦造萬化之端。**有男女，必有夫婦，夫婦之道修，而内外之禮正。子思曰：「君子之道，造端乎夫婦。」修身、齊家，教之本也。**五常之德著，而大本以敦；**仁、義、禮、智、信，謂之五常，五者之德，常具於人心，人能敦篤而擴充之，斯爲希聖、希賢之本。**三綱之義明，而人倫以正。**君爲臣綱，父爲子綱，夫爲妻綱。君正臣忠，父慈子孝，夫和婦順，則人倫正矣。**故修身者，齊家之要也，而立

教者，明倫之本也。經曰：「欲齊其家者，先修其身。」身不修而家不可教矣。君臣、父子、夫婦、兄弟、朋友，謂之五倫。堯使契爲司徒，教以人倫，父子有親、君臣有義、夫婦有別、長幼有序、朋友有信，人倫明而天下治，故立教爲明倫之本。**正家之道，禮謹於男女；養蒙之節，教始於飲食。**禮云，男女六歲，不同坐、不同食；男就外傅，女遵姆訓。又云：男女能食，教以右手；飲食必後長者；姆教婉勉聽從；男唯女俞；男不言内，女不言外；男行由左，女行由右。**幼而不教，長而失禮，在男，猶可以尊師取友，以成其德；在女，又何從擇善誠身，而格其非耶？**言教男女之道，當在幼年，不教則長而不知禮，男子猶有師友以正其過，女子在閨中，若不早教，則長而無所師法，不能明乎善矣。**是以教女之道，猶甚於男，而正内之儀，宜先乎外也。**此言教女比教男爲尤切。**以銅爲鑑，可正衣冠；以古爲師，可端模範。**此言著書訓女之義。人以鏡鑑形，則容儀可正；以古爲法，則賢聖可師。故女範所由作也。**能師古人，又何患德之不修而家之不正哉！**

后德篇

鳳儀龍馬，聖帝之祥；舜時鳳凰來儀，伏羲時龍馬負圖，皆聖王之瑞應也，此啓下文之意。**麟趾關雎，后妃之德。**麟趾、關雎二詩，皆咏文王妃太姒之德。言麒麟之足不踐生草、不履生蟲，比后妃之仁；雎鳩生有定偶，並遊而不相狎，比后妃之德。**是故帝嚳三妃，生稷、契、唐堯之聖；**嚳，音酷；契，音屑。帝嚳元妃姜嫄，祀郊禖而生后稷；次妃簡狄，降玄鳥而生契；三妃慶都，娠十四月而生唐堯。三妃恭儉慈良，三子賢明仁聖也。嫄，音原；禖，音梅。**文王百子，紹姜任太姒之徽。**姒，音似。紹，繼也。徽，美也。詩曰：「太姒嗣徽音，則百斯男。」言太王之妃太姜、王季之妃太任、文王之妃太姒，皆仁厚慈孝，相承其美，而生王季、文王、武王，身有天下，而衍百男之慶也。**潙汭二女，紹際唐虞之盛；**潙汭，音圭芮。唐堯以舜有聖德，降二女於潙汭以事舜。二女娥媓、女媖，敬承舅姑，恭詣大舜，不以帝女之貴而驕其夫家。堯之女、舜之妻，父與夫皆聖人，故曰「際唐虞之盛」。**塗莘雙后，肇開夏商之祥。**夏禹妃塗山氏，方娶四日，而禹治水，八年不歸。塗山能教其子，啓賢能承敬，以家天下。湯妃有莘氏，恪恭誠順，莊敬賢明。皆能開國承家，以啓夏商之業。**宣王晚朝，姜后有待罪之諫；**周宣王日晏始朝，姜后脱簪珥待罪於永巷，王乃勤政。**楚昭晏駕，越姬踐心許之言。**晏駕，薨也。昭王出遊而樂曰：「寡人死，誰從之者？」諸姬皆曰：「願從。」而越姬獨不言。及王薨於軍，諸姬皆不從，越姬曰：「向者不從，不欲從王好樂而死也，雖不從，而實心許之矣。今王爲國而薨於軍，敢不踐心許之約！」遂死從王。**明和嗣漢，史稱馬鄧之賢；**漢明帝馬皇后、和帝鄧皇后，皆賢明恭儉，仁厚愛民，而東漢以治。**高文興唐，内有竇孫之助。**唐高祖竇皇后、太宗長孫皇后，匡贊二君，以成帝業。長孫后尤賢，每事盡其規諫，太宗嘉納之。**曁夫宋室之宣仁，可謂女中之堯舜。**宋英宗宣仁高太后，擁孫哲宗，垂簾聽政，任賢不貳，去讒不疑，盡除弊政，史稱「女中堯舜」。烏林盡節於世宗，金主亮遍淫宗婦，葛王妃烏林氏不屈，自縊於車中。後葛王即位，是爲世宗，終身不立后。弘吉加恩於宋后。宋降於元，太后謝氏入朝，元世祖后弘吉氏事之如姊姒，恩禮有加。高帝創洪基於草莽，實藉孝慈；明高帝孝慈皇后馬氏，與帝同起草野，知百姓之艱難，規諫太祖勤儉愛民，寬仁慈愛，庶子二十餘，待如己子。文皇肅内治於宫闈，爰資仁孝。成祖仁孝文皇后徐氏，中山王達女也，性仁恕孝敬，作内訓二十篇，以教諸公主，以及臣庶之女。稽古興王之君，必有賢明之后，不亦信哉！言創業之君，必有賢明之后，以成内治也。

母儀篇

父天母地，乾，父道也；坤，母道也。天施地生，天施雨露，地生萬物。骨氣像父，性氣像母。骨氣主志，性氣主情，志陽情陰，各從其類。上古賢明之女有娠，胎教之方必慎，禮曰：古者婦人娠子，必有胎教。立不跛，行必徐；席不正不坐，割不正不食；目不視惡色，耳不聽淫聲，口不食邪味；夜則令瞽者誦詩書、陳禮樂。則生子女形容端正，才智過人矣。故母儀先於父訓，慈教嚴於義方。言生子女，母儀之教明，然後能從父義方之訓。是以孟母買肉以明信，孟子少鄰於屠家，問母：「殺猪何爲？」母戲曰：「與汝食也。」既而悔曰：「與子戲言，是教以不信也。」乃解簪珥，買肉以示信。**陶母封鮓以教廉。**晉陶侃爲監魚吏，寄鮓供母。母封鮓還侃，示之曰：「汝爲監吏，而以官物遺親，是不廉而干法也。」侃因感勵，遂爲名臣。**和熊知苦，柳氏以興；**柳公綽妻韓夫人以熊膽和丸，令子姪含之讀書，以勵其苦志。**畫荻爲書，歐陽以顯。**歐陽修少貧，母夫人用蘆荻畫書以教讀。**子發爲將，自奉厚而御下薄，母拒户而責其無恩；**子發爲楚將，歸省母，母不納而責之曰：「子爲帥，以粱肉自甘，而將士皆菽粒不飽，是暴而無恩，必喪師辱國，非吾子也。」子發悔過自責，與衆同甘苦，將士皆悦。**王孫從君，主失亡而已獨歸，母倚閭而言其不義。**齊王孫賈從湣王出走而失王，賈自歸，母曰：「汝朝出不歸，吾倚門而望；暮出不返，吾倚閭而望。今汝從王出走，不知王之所在，豈得爲義乎？」賈乃出。因知王被殺，集市人爲兵，誅殺王者，立王子爲襄王。**不疑尹京，寬刑活衆，賢哉慈母之仁；**漢雋不疑爲京兆尹，每斷刑，多入罪則母憤不食，多全活則母乃喜，故不疑爲官仁而不殘，遵母教也。**田稷爲相，反金待罪，卓矣孀親之訓。**田稷相齊，受金遺母，母反其金而責其貪。稷待罪於王，王赦之，卒爲賢臣。**景讓失士心，母撻之而部下安；**唐李景讓爲節度，性嚴刻，將士有叛志。母鄭氏陞堂，撻景讓於階下，將士皆叩頭求免，一境獲安，後爲賢帥。**延年多殺戮，母惡之而終不免。**漢河南守嚴延年母，有子五人，皆爲太守，號萬石夫人。行至郡，值延年斷獄，殺人甚衆，血流成池，母怒曰：「人命至重，奈何殘酷至此！殆不免矣。」遂不入。延年後果誅死。**柴繼母舍己子而代前兒，**齊宣王時，有被殺者，適兄弟二人在側，兄曰：「我殺之。」弟曰：「我殺之。」王不能決。問其母，母曰：「當坐少者。」王曰：「少者非汝子耶？」母曰：「少者妾所生，長者夫前妻子也。妾實不知誰殺人，若坐長者死，是妾受夫之托，而棄前人之孤也。」王義之而並免焉。**程禄妻甘己罪而免孤女。**南齊崖州參軍繼妻王氏，夫卒奉喪歸。己有幼子，而前妻一女，王以大珠爲女聯絡臂，時珠禁甚嚴，不税而懷珠出境者死。女棄其珠，子幼，納之於奩，母女皆不知也。出境，爲吏檢出，法當死，官問：「誰當坐者？」母曰：「吾實愛之，當坐我。」女曰：「母已棄之，妾竊取之，當坐妾。」母子痛哭於庭而争死。官詢其情，歎曰：「賢哉繼母！孝哉女也！」俱釋之。**程母之教，恕於僕妾而嚴於諸子。**宋二程夫子母侯氏教子方嚴，雖小過，必請於父而責正之，常曰：「父不知子之過，皆母溺愛而隱蔽之也。」故教子則嚴而有禮，至待僕妾則恕而有恩，未嘗笞朴之。二子明道、伊川先生遵夫人之教，皆成大儒。**尹母之訓，樂於菽水而忘於禄養。**宋和靖先生尹焞母陳氏教之曰：「學之未至，如耕而不獲，不可輟也。」紹聖初，應進士舉，時禁二程之學，焞不對而出。歸告母，母曰：「吾願從菽水之養，不願汝以仕養也。」伊川先生歎曰：「非此母不生此子！」**是皆秉坤儀之淑訓，著母德之徽音者也。**

孝行篇

男女雖異，劬勞則均。言人生雖有男女之别，而父母劬勞養育之恩，則均一無别也。**子媳雖殊，孝敬則一。**男女則親生，媳則義合，其出雖不同，而事父母、姑舅之道，其孝敬之禮則如一也。**夫**

孝者百行之源，而尤爲女德之首也〔一〕。萬善之端，莫先於孝，故爲百行之源；婦人之義，莫重於孝，故爲女德之首。**是故楊香搤虎，知有父而不知有身；**楊香，晉農夫楊豐女也，年十四，父耕遇虎，將噬之，香踴身向前，按搤虎頭，虎驚走而父得生。夫幼女豈能制虎？但救父之心切，知有父而憤不顧身也。**緹縈贖親，則生男而不如生女。**漢太倉令淳于意被罪當刑，有女五人而無子，臨行歎曰：「生女不生男，緩急非所益。」少女緹縈聞而悲之，乃從父往京。上書，願以身入官爲奴，而贖父刑，文帝嘉其孝而免之，因除肉刑。**張婦蒙冤，三年不雨；**漢東海張氏寡婦，孝養其姑，姑憐其少，恐己爲累而不得嫁也，乃自經。姑女告婦殺姑，官不察而處婦以極刑，東海大旱三年。後守至，知婦以孝而冤死，乃自祭婦墓，未畢而大雨霑足。**姜妻至孝，雙鯉湧泉。**漢姜詩妻龐氏至孝，姑好飲江水，龐遠汲以供之；姑好食江魚，龐毀妝以易之。久而不怠，地側忽湧甘泉，其味勝江水，泉中日躍雙鯉，取以供親，皆孝感所致。**唐氏乳姑，而毓山南之貴胤；**胤，音印。唐崔山南曾祖母長孫氏年高無齒，祖母唐氏以乳哺其姑，壽考以終。崔後爲節度，孝養祖母，蓋孝姑之報也。**盧氏冒刃，而全垂白之孀慈。**唐鄭義宗妻盧氏，夜有盜入其家，長幼奔竄，惟姑在室，盧冒白刃，以身蔽姑，爲賊箠擊幾死。賊去，人謂盧：「何不去？」答曰：「鄉鄰有難，猶當救護，老親在室，而畏死不救，乃禽獸之行也。」**劉氏嚙姑之蛆，刺臂斬指，和血以丸藥；**嚙，音業。明韓太初妻劉氏，姑患風疾，劉徹夜侍姑而驅蚊。姑瘡腐而生蛆，劉嚙食之。刺臂斬指，取血和湯藥，進姑而愈。**聞氏舐姑之目，斷髮矢志，負土以**

成墳。明徽郡俞新妻聞氏，夫亡，剪髮守節以養姑。姑目盲，聞浄口以舐姑目，復明。姑卒，自負土爲墳，郡守旌之。**陳氏方于歸而夫卒於戍，力養其姑五十年。**；宋陳氏嫁未旬日，夫忽行戍邊，託妻養其母。夫死不回，父勸其嫁，氏曰：「豈有受夫託養其親，已許而背之乎？」欲自殺，父懼而止。陳力作養姑五十餘年，喪葬成禮。朝廷賜金旌之，號曰「孝婦」。**張氏當雷擊而恐驚其姑，更延厥壽三十載。**宋顧德謙妻張氏夢神示，以明日當爲雷擊死。曉聞雷聲甚巨，恐驚其姑，乃出屋跪桑下以待死。空中有神曰：「是孝婦也，當延其壽三十年。」**趙氏手戮讐於都亭以報父，**漢龐淯妻趙氏，父爲趙壽所殺，有三弟皆欲報讐，不幸俱死，趙壽笑曰：「吾無憂矣。」趙氏使人告之曰：「我尚在，勿喜也。」氏生子後一年，遇壽醉乘馬過都亭，趙格之下馬而手刃之，持頭詣縣請死，令嘉異之，奏貸其死。**娟女躬操舟於晉水以活親。**趙簡子將渡河，舟人醉不起，簡子欲殺之，舟人女娟持楫而請曰：「妾父以主君將渡不測之淵，故禱神而醉，今殺之，彼醉不知罪，妾請代父操舟。」乃鼓楫而歌，風恬浪息，簡子大悦，乃納之爲妃。**曹娥抱父屍於盱江，**漢曹娥父禱神，醉溺於盱江，娥投水尋父，三日死，抱父屍浮出。**木蘭代父征於絶塞。**唐秦木蘭女，父當從征，老病不能行，弟幼弱。蘭改妝代父，從征十年，立功於塞外始歸，人不知其爲女也。**張女割肝，以蘇祖母之命；**淮安女張二娘祖母病危，醫言食肝可愈，求之不得。女乃自割肝，横割不得，直割始得，烹以進祖母，祖母即愈。女痛絶而蘇，瘡口尋愈，疤痂脱痕，紅如十字。**陳氏斷首，兩全夫父之生。**唐長安婦陳氏，有讐人欲殺其夫，乃劫其父，逼使女開門殺夫，女慮從之則傷夫，不從則殺父，乃曰：「吾夫每沐髮，則散髮而卧於堂，吾令其沐髮，而開門以待汝。」乃歸，醉其夫卧於樓，自沐髮卧於堂，開門待讐。讐至，誤殺婦以去，父與夫皆獲全。**是皆感天地，動神明，著孝烈於一時，播芳名於千載者也，可不勉歟！**

校勘記

〔一〕而尤爲女德之首也　「尤」字底本作「猶」，據李光明莊本改。

貞烈篇

忠臣不事兩國，烈女不更二夫，齊王蠋曰：「忠臣不事二君，烈女不更二夫。」言女之事夫，猶臣之事君也，臣事二姓則不忠，女事二夫則失節。**故一與之醮，終身不移。**醮，筵也。男婚女嫁，父母筵而餞之，女始嫁從父，再醮非禮也。**男可重婚，女無再適，**男子以宗嗣祭祀爲重，故妻死可再娶，女則以守貞爲正。**是故艱難苦節謂之貞，慷慨捐生謂之烈。**女子喪夫苦守，是爲貞節。遇難不屈，威逼不從，寧死不辱，婦曰烈婦，女曰烈女。**令女截耳劓鼻以持身，**劓，音義。夏侯令女，魏曹文叔之妻也，文叔死，父母欲嫁之，令女曰：「仁者不以盛衰改節，義者不以存亡易心。」乃自截其耳以誓節。及夫家盡絶，父母又欲嫁之，女乃斷鼻以全貞。**凝妻牽臂劈掌以明志。**五代虢州司户王凝妻李氏，夫卒，携幼子奉喪歸，止於旅店，主人以其有喪不納，李氏固求，主人牽其手而出之。李氏泣曰：「天乎！吾不幸無夫，而此手爲人所執耶？」乃引刀自劈其掌。有司聞之，乃旌李氏而責主人。**共姜髧髦之詩，「之死靡他」；**衞世子共伯蚤死，其妻共姜守義不從，作柏舟之詩曰：「髧彼兩髦，實維我儀。之死矢靡他。」髧，垂也。髦，剪髮夾顖，雙垂於耳，子事父母之飾，指夫也。言與夫結髮爲夫婦，今夫死，吾亦守死而無他也。顖，音信。**史氏刺面之文，「中心不改」。**明溧陽史氏女，夫邵一龍，未嫁而夫死。父母欲更擇壻，女乃刺面文曰：「中心不改。」痛絶復蘇，以墨填文，一畫不明，復刺以補之。事聞旌節，以壽終。**皇甫夫人直斥逆臣，膏斧鉞而駡不絶口；**皇甫規夫人能文善書，規卒，董卓聞其美，欲娶之。妻知不免，乃跪卓門，以義説之，卓不從，乃責駡之曰：「我大臣妻，義不受辱。汝羌胡雜種，嘗隸吾夫帳下，今敢無禮於爾君夫人耶！」卓怒，懸其頭於車上，亂箠擊之，駡不絶口而死。**竇家二女不從亂賊，投危崖而憤不顧身。**唐德宗時，有朱泚之亂，盜賊縱横，奉天竇氏二女爲賊所逼，姐先投深崖之下，妹從之，姊死而妹折肱以免，帝聞而旌之。**董氏封髮以待夫歸，二十年不施膏沐；**唐賈直言諫，謫嶺南，謂妻董氏曰：「我去，生死未可知，汝少，不宜獨居，可自爲計。」董乃以繩束髮，令夫手書封之，誓曰：「非夫至不解。」二十年而夫始歸，親解其髮。**妙慧題詩以明己節，三千里復見生逢。**明揚州盧進士妻李妙慧，夫及第未歸，訛傳夫死，父母憐其貧寡，欲嫁之。時有南昌巨商謝啓，無子，母李氏在揚，妙慧族姑也，欲以爲子妾。父乃佯携女之謝舟而去，李知其故，數欲自縊，俱爲婢解，族姑知之，乃以爲女而攜歸。舟過金山寺，李題詩而自署曰：「揚州進士盧某妻李妙慧題詩。」有「蓋棺不作横金婦，入地當尋折桂郎。新詩題在金山寺，高挂雲帆過豫章」之句。及盧授官歸，踪跡其妻不得，因過金山寺，見詩，乃棄官之豫章。商船多而不可詰，因夜繞商舟而唱李之詩，謝姑聞而招之，因得見，妻已爲尼，乃復合，事聞而復其官。**桓夫人義不同庖，而吟匪石之詩；**衛桓公夫人姜氏自齊適衛，未及國門而公遇弑，國人立其弟宣公。左右請姜回車，姜不從，乃築室自居於衛，持喪三年。宣公請同庖而居，姜不可，乃咏匪石之詩以自誓，終卒於衛。詩見邶風柏舟篇。**平夫人持兵閉巷，而却闔閭之犯。**吴王闔閭破楚，昭王出走，吴王聞昭王母伯嬴美而欲犯之，伯嬴持兵守永巷，而語吴王曰：「大王舉兵，匡正楚國，而欲行不義，何以霸天下？婦人之義，守死無二，近妾必死，又何樂焉？王若殺妾，是屠國君之母，而甘淫亂之名，又何益哉？」王慚乃止。嬴拒巷三旬，秦兵救至，昭王返國。**夫之不幸，妾之不幸，宋女之言哀；**蔡人之妻，宋人之女也，始嫁而夫有惡疾，女事夫不怠。父母哀而欲嫁之，女曰：「夫有惡疾，夫之不幸，亦妾之不幸也。夫有疾而棄之不仁，女再適而背夫不義，不仁不義，何用生爲？」乃欲自殺，父母遂止。卒事其夫，以終天年。**使君有婦，羅敷有夫，趙王之意止。**漢趙王家令妻秦羅敷美，王欲奪之。羅敷作詩曰：「使君自南來，五馬立躊躇。使君語羅敷：『寧可共載不？』〔一〕羅敷前致詞：『使君亦何愚。使君自有婦，羅敷自有夫。』」王乃止。**梁節婦之却魏王，斷鼻存孤；**梁節婦夫亡，有美色，魏王欲妻之，婦斷鼻曰：「王之欲妾者，以其色也，今乃刑餘之人矣，王何欲焉？妾之所以不死者，以子幼而欲撫其成也。」魏王大慙，乃賜號曰「高行節婦」。**余鄭氏之責唐帥，嚴詞保節。**南唐伐閩，閩余洪妻鄭氏爲唐將王建封所獲，王獻於主帥查文徽。徽悦其色，欲納之，鄭氏責之曰：「王師吊伐，褒忠旌節，以揚風化。建封行伍，尚不污節義，君元帥也，奈何身爲禍首耶？」查慙，乃訪其夫而歸之。**代夫人深怨其弟，千秋表磨笄之山；**趙簡子女爲代夫人，其弟襄子宴代君，而以銅斗擊殺之，舉兵滅代，而迎其姊。姊仰天大哭，磨首笄而刺喉以死，代人哀之，名其葬地爲磨笄山。**杞良妻遠訪其夫，萬里哭築城之骨。**秦范杞良娶妻三日，即赴築長城之役。及天將寒，妻姜氏製衣遠尋其夫，聞夫已死，積骸成丘，乃檢骨滴血而識之，血皆不入。姜大哭三晝夜，城忽崩，見白骨數具，復滴血，滲入骨而不可拭者，知爲夫骨也。因負骸骨出潼關，力竭不能行，乃置骸於巖下，坐其傍而死。潼關人哀之，因葬其夫婦，立祠以祀之。孟子云：「華周、杞梁之妻善哭其夫，變國俗。」此又齊二將之妻，二將死於戰，二妻哭之。三日流血，城爲之崩，此又一烈婦也。**唐貴梅自縊於樹以全貞，不彰其姑之惡；**明貴池女唐貴梅，十七喪夫守志，姑與商淫，欲並得貴梅，梅罵不從。姑告梅不孝，官責梅，梅受責不辨，歸縊於樹而死〔二〕，不言姑之過。**潘妙圓從夫於火以殉節，而活其舅之生。**元徐允讓妻潘妙圓從夫避兵，賊執其翁而殺夫，欲辱潘，潘曰：「汝舍翁焚夫，則從汝。」賊縱翁而焚夫，潘跳入火而死。**譚貞婦廟中流血，雨漬猶存；**宋趙宗室妻譚氏，吉安人，元破吉安，趙逃去，譚抱子避兵於文廟，兵欲辱之，譚罵兵，兵怒，殺其母子，血漬于石，洗之不去。至今廟中每陰雨，猶有血漬。**王烈女崖上題詩，石刊尚在。**元末，臨海民妻王氏色美，兵亂，殺其夫，驅王過嵊縣清風嶺，王題詩於嶺上曰：「君王無道妾當灾，棄女抛兒馬上來。夫面不知何日見，妾魂知向幾時迴。兩行怨淚垂頻滴，一對愁眉鎖不開。遥望家鄉何處是，存亡二字實哀哉。」遂投崖而死。後人哀之，刊其詩於壁。嵊，音盛。**崔氏甘亂箭以全節，**唐趙元楷妻崔氏，河北大亂，夫婦避兵，崔被執而免其夫，賊欲辱之，崔執刀以拒賊，賊怒，亂箭射之而死。**劉氏代鼎烹而活夫。**元末楚中大饑，兵掠人食之，執民李仲義，將烹食之。仲義妻劉氏奔告兵曰：「吾夫餓瘦無肉，吾聞婦人肥黑者肉美，妾願代烹。」兵免夫而烹劉氏，遠近莫不哀之。**是皆貞心貫乎日月，烈志塞乎兩儀，正氣凛於丈夫，節操播乎青史者也，可不勉歟！**

校勘記

〔一〕寧可共載不　「寧」字底本作「還」，據全芳備祖五言古詩改。

〔二〕歸縊於樹而死　「樹」字底本作「梅」，據崇德書院本、李光明莊本改。

忠義篇

君親雖曰不同，忠孝本無二致，陽節潘氏之言也。言人能孝於親者必忠於君，是爲人倫正義。

古云率土莫非王臣，豈謂閨中遂無忠義？天下皆爲王臣，男女皆君之民也，女子豈無忠義哉！**咏小戎之駟，勉良人以君國同讐；**秦仲征犬戎而没於王事，秦襄公勵兵秣馬，必滅犬戎而後已。故其民皆思親其上，死其長，其婦人皆勉良人以忠義，有君國同讐之義，讀秦風小戎詩可見也。**伐汝墳之枚，慰君子以父母孔邇。**文王率六州之民，供紂之役，故汝墳之婦人伐條枚而思君子，咏頳尾而慰良人，勉以思文王之德如父母之近，早供王事而歸也。見周南汝墳篇。**美范滂之母，千秋尚有同心；**漢范滂以直節死，其母曰：「汝爲忠臣，吾爲忠臣之母，又何憾焉！」宋蘇子瞻母程氏讀范滂傳而嘉歎之，子瞻曰：「兒欲爲范滂，太夫人許之乎？」母曰：「汝能爲范滂，吾豈不能爲滂之母耶！」**封卞壼之墳，九泉猶有喜色。**壼，音閫。晉卞壼父子皆戰死，墓在冶城，明太祖建朝天宫，欲平其塚，見一婦衰麻而大笑，帝怪問之，答曰：「吾夫死忠、子死孝，吾忠臣妻、孝子母，又何戚焉！」言畢不見。太祖問於人，始知塚爲卞壼，婦乃壼之妻也，乃建祠而封墓。**江油降魏，妻不與夫同生；**魏伐蜀，江油守臣馬邈降魏。妻李氏吐夫之面曰：「守土之臣，不戰死而降敵，非吾夫也。」乃縊而死。**蓋國淪戎，婦耻其夫不死。**蓋，音閣。戎伐蓋，國滅君死，戎君下令曰：「蓋之臣敢有不降而自死者，誅其妻子。」蓋將丘子將自殺，左右救，不得死，乃歸。妻曰：「國滅君死，子何以生？」將曰：「固欲死，人救故生。」妻曰：「昔以救生，今胡不死？」答曰：「恐誅及妻子耳。」妻曰：「爲將而不力戰，不忠；君死不殉，不仁；戀妻子而忘君之讐，不義。妾不忍與子同生也。」乃自經死。戎君賢之，祠以太牢，而存蓋國。**陵母對使而伏劍，**王陵事漢，其母在楚。項王拘其母，語漢使曰：「陵不來，吾將殺其母。」母對使曰：「語吾兒，善事漢王，母不足慮也。」乃伏劍而死。**經母含笑以同刑。**魏王經從少帝髦討司馬昭，昭弒帝，戮經母子於市。經臨刑泣曰：「兒累母矣。」母曰：「汝爲忠臣，吾含笑而入地矣，何恨焉！」遂同死。**池州被圍，趙昂發節義成雙；**宋趙昂發爲池州通判，元兵圍城，守棄城走，都統出降。昂發謂妻雍氏曰：「我守土臣，當死此土，汝宜先去。」妻曰：「君爲命官，我爲命婦；君爲忠臣，吾獨不能爲忠臣婦耶？妾請先死。」昂發止之。及元兵入城，昂發夫妻冠帶，大書几上曰：「國不可背，城不可降，夫婦同死，節義成雙。」乃同縊死於從容堂。**金川失守，黄侍中妻女同盡。**明成祖兵入金川門，建文帝出亡。侍中黄觀先出，徵兵勤王，聞國變，自投於江，成祖以黄妻翁氏及女配象奴爲婦。翁請置酒具禮，象奴出置酒禮，妻女同投入通濟門河以死。尸逆流入城中清溪，黄屍亦從江流入城中貢院前，三屍相聚，國人異之，乃建祠於貢院之南。**朱夫人守襄陽而築城，以却秦寇；**晉朱序守襄陽，秦兵入寇，夫人率家中婢妾，自守一面。城將傾，夫人出私財，連夜更築内城，以退秦兵，人謂其城爲「夫人城」。**梁夫人登金山而擊鼓，以破金兵。**金兵犯宋，韓世忠率舟師逆戰於江。宋兵少却，梁夫人乃登金山，自擊鼓以勵將士，遂大破金兀术於鎮江。**虞夫人勉子孫力勤王事，**晉虞潭母孫氏，值蘇峻犯京師，潭守吴興，母勸潭竭力勤王，勿以母老爲慮，又遣孫虞楚佐父從軍，務圖忠孝。潭後以功封侯，母九十五始卒，謚曰宣夫人。**謝夫人甘俘虜以救民生。**宋謝枋得起兵復宋，不克而餓死，妻李氏逃匿山中，携二子采草木而食。元將欲捕李不得，乃下令曰：「不得李氏，即屠其山民。」李氏曰：「不可以我故而傷民命。」乃出，就俘於建康獄。比聞夫卒，乃自經死，二子獲免。**齊桓尸蟲出户，晏娥踰垣以殉君；**齊桓公死，五子争立，閉錮宫門，四月不葬，尸蟲出於户外。宫女晏娥不忍其君之暴露，乃踰垣而殉君，自縊於公之側。**宇文白刃犯宫，貴兒捐生以罵賊。**隋煬帝幸江都而天下亂，宇文化及使裴虔通弑帝，宫人奔散，獨宫女朱貴兒罵曰：「主上以天寒，賜汝等以衣帛，曾幾何時，乃敢謀逆耶！」通等欲縊帝，貴兒以身蔽君，乃先殺貴兒，然後弑帝。**魯義保以子代先公之子，**魯孝公稱，武公之少子、懿公之弟也，兄子伯御殺懿公而自立，入欲殺孝公，公之保母臧氏，以己子衣公之衣而卧於床，伯御殺之，保母乃抱孝公逃匿於舅家。及長，舅氏及保聞於宣王，王殺伯御而立孝公，號母曰「孝義保」。**魏節乳以身蔽幼主之身。**秦滅魏，殺魏王，盡誅諸公子。有少公子，爲乳母匿於山中，王令人獻公子者賞千金，匿之者誅其族。魏有故臣，謂乳母曰：「胡不獻之？千金可得也。」乳母不從。故臣以告秦王，王命軍追之，因亂箭射其公子，母以身遮蔽公子，身中數十箭，與公子俱死。秦王哀之，以卿禮葬，號曰「節乳母」。**孫姬婢也，匍伏湖濱，以保忠臣血胤；**陳友諒破太平，殺守將花雲，妻郜氏死節。婢孫氏抱其三歲兒，匍匐湖濱蒲草中，採蓮子以食其兒。有雷老者引之入金陵，見明太祖，言事畢，而雷忽不見。因封其子爲東丘侯，賜名花煒〔一〕，封孫氏爲夫人，煒以母事之。**毛惜妓也，身甘刀斧，恥爲叛帥謳歌。**毛惜惜，淮之營妓也，宋榮全降金攻淮〔二〕，淮帥降。全適宴客，召惜歌以侑客，數召而後至，俯首不歌，帥曰：「吾向令汝歌，今不歌，何也？」惜惜曰：「朝廷以重兵付汝，一旦降賊，汝亦賊也。吾雖官妓，豈爲賊謳歌者哉！」帥怒，殺之。**劉母非不愛子，知軍令之不可干；**南唐劉仁贍守壽州，周師攻壽州，子從諫欲劫周營，不稟父而大敗回。父以其違令，欲斬之，諸將勸不從，衆乃訴於夫人，請其救子，夫人曰：「妾非不愛，奈軍令不可違，非婦人之可勸而勉也。」閉門痛哭而不出，卒斬其子。**章母非不保家，願闔城之俱獲免。**王建封，閩帥章氏之牙將也，常犯罪當誅，章母因帥醉縱之，逃入南唐。後爲大將，攻建州，城將下，建封遣人以令箭插母之門，曰：「主將將屠城，插此箭者免。」且用以報母恩也。母還其箭曰：「吾不忍闔城盡死而吾家獨全也，願與城俱盡。」建封義之，及城下，一城皆免。章氏世顯於閩中。**是皆女烈之錚錚，坤維之表表，其忠肝義膽，足以風百世而振綱常者也！**

校勘記

〔一〕賜名花煒　底本「花煒」二字殘闕，據後文及書業堂本、崇德書院本、李光明莊本補。

〔二〕宋榮全降金攻淮　「榮」字底本作「李」，據宋史卷四六〇列女毛惜惜傳改。

慈愛篇

任恤睦姻，根於孝友；孝、友、睦、姻、任、恤，謂之六行。任者，受托而任人，撫育贍養之事也；

恤者，矜憐鰥、寡、孤、獨而周恤之也；睦者，和順著於家庭、宗族之間；姻者，恩義及於親戚、鄰里之際。大抵此四者之德行，皆根於孝友二字而來。孝則敬親，不敢慢於人；愛親，不敢惡於人，老吾老以及人之老矣。友則愛於兄弟，和於妻子，敬於長上，矜於孤幼，幼吾幼以及人之幼矣。**慈惠和讓，本於寬仁。**寬則無不恕，仁則無不愛，恕則和讓生焉，愛則慈惠生焉。故曰寬仁者，慈惠和讓之本也。**是故螽斯緝羽，頌太姒之仁；**螽，音中。詩曰：「螽斯羽，緝緝兮！宜爾子孫，蟄蟄兮！」言后妃仁厚，子孫衆多，不分嫡庶，而均愛如一，如螽斯一生九十九子，而和緝如一也。**銀鹿繞床，紀恭穆之德。**吴越文穆王錢元瓘妃馬氏無子，請於王父武肅王鏐，諭文穆納妾，武肅曰：「延吾世祚者，汝也。」後生諸子十五人，妃親愛無別，置大銀鹿於床，小鹿十餘，諸子各抱之，繞床而戲。**士安好學，成於叔母之慈；**晉皇甫士安名謐，早喪父母，寡嬸撫之。初不好學，嬸泣曰：「吾家世凋零，子復不好學，何以慰先人之望？吾死，慙見伯姒於地下矣。」謐亦感泣，遂成大儒，號玄晏先生。**伯道無兒，終獲子綏之報。**晉鄧攸字伯道，夫婦避亂山中，負己子與弟子，無食力竭，勢不兩存。妻曰：「己子可再生，亡叔止一子，不可棄也。」攸乃棄其己子，而留侄鄧綏。攸後仕元帝而卒無子，弟子綏養伯父母，備極其孝，伯父母死，俱服喪三年。**義姑棄子留侄，而却齊兵；**齊侯伐魯，見婦人逃難，棄幼子而抱大兒以避兵。召問之，曰：「人莫不愛少子，汝棄小抱大，何也？」對曰：「小者妾之子，大者亡兄之子也。妾受亡兄之托而撫其孤，逢難而棄之，是不仁也，故寧棄妾之子。」齊侯歎：「婦人而能知此，乃禮義之邦也，豈可伐乎？」乃和而退師。**覽妻與姒均役，以感朱母。**晉王祥繼母朱氏冬月思魚，祥卧冰以求鯉。母嘗以非禮虐使祥，母親子王覽必同兄共服其勞；母又虐使祥妻，覽妻亦與姒均其辛苦。母悟，遂俱愛之。**趙姬不以公女之貴而廢嫡庶之儀，**趙姬，趙成子衰之妻、文公女也。初，衰同文公奔狄，娶狄女季隗，生趙盾〔一〕，母子留於狄。既入晉爲卿，文公以女妻之，後生同、括、嬰。趙姬固請衰迎長子盾母子於狄，尊季隗爲正嫡，而以盾爲嫡子，自居庶妾之位。**衛宗不以君母之尊而失夫人之禮。**衛嗣君之母，庶妾也。夫人無子而妾子立，夫人欲避居於别宫，公母曰：「嫡庶之道不可廢也，豈其子故而廢事小君之禮？今主母固欲别居，是因妾故逐嫡母而犯大倫耶？」乃欲自殺。嫡懼而從之，仍居正室，而慈愛愈加，子母事嫡，而孝敬益厚。衛人義之，號爲「衛宗二順」。**莊姜戴嬀，淑惠見於國風；**莊姜，齊夫人，其庶陳氏戴嬀，子死歸陳。莊姜不忍其去，作燕燕之詩，有瞻望弗及、涕泣如雨之情，嫡庶之愛如此。**京陵東海，雍睦著乎世範。**晉王渾妻京陵鍾氏，弟澄妻東海郝氏，皆和順雍穆，治家有禮，臣庶之家，遵以爲法。**是皆秉仁慈之懿，敦博愛之風，和氣萃於家庭，德教化於邦國者也，不亦可法歟！**

校勘記

〔一〕生趙盾　「盾」字底本作「姬」，據書業堂本改。

秉禮篇

德貌言工，婦之四行：孝慈貞淑，爲婦之德；端莊静雅，謂之婦容；温柔和婉，謂之婦言；勤勞恭慎，謂之婦工。此四者，婦道之常經，女子之正義也。**禮義廉恥，國之四維。**維，綱也。傳曰：「四維不張，國乃滅亡。」言國無此四者，紀綱不振，臣民無法，亂亡之道也。**「人而無禮，胡不遄死」，言禮之不可失也。**詩曰：「相鼠有體，人而無禮，胡不遄死。」言禽獸之不若也。**是故文伯之母不踰門而見康子，**公父文伯之母，季康子之叔祖母也。年已七十矣，康子往見，母立中門之内，設帨於門，康子拜於門外，隔帨而相與言，其守禮如此。**齊華夫人不易駟而從孝公。**華，音化。齊孝公夫人，衛華氏女，乘安車從孝公遊，車奔而輪傾帷裂，姬命婢牽帷以障。公使駟馬車載姬，姬辭曰：「車無帷，非禮也；車敝而露處，亦非禮也。無禮而生，不如守禮而死。」遂欲自經，侍女救之不得〔一〕，安車至而始蘇，其守禮如此。**孟子欲出妻，母責以非禮：**孟子入室，見妻方暑而袒，孟子不悦，欲出妻，妻曰：「婦人私室，不修容儀，見夫不行客禮。今夫子以客禮責妾，妾當出矣。」母責之曰：「禮，『將上堂，聲必揚』，所以戒人也；『將入户，視必下』，恐見人過也。今子不知禮，而以禮責人，不亦過乎？」孟子謝罪，遂留其婦。**申人欲娶婦，女恥其無儀。**申人娶妻，六禮不備，欲苟合以成婚，女不肯從。申人乃訟之於獄，女以其非禮相配，死不聽命，乃作行露之詩以自誓。後卒以禮乃合。詩見召南。**頃公吊杞梁之妻，必造廬以成禮；**晉伐齊，齊將杞梁戰死。妻載其喪歸，遇齊頃公，公欲吊之於野，妻曰：「君若以亡夫有罪，妻請戮於司寇；若哀矜而賜之吊，則有先人之敝廬在焉。」公從之。喪歸而親往吊之，成禮而後葬。葬畢，妻乃痛哭而死，城爲之崩。**溧女哀子胥之餒，寧投溪而滅踪。**楚伍子胥逃難，過溧水，見浣紗之女攜食筐，子胥曰：「吾三日不食，夫人盍矜憐而賜餐？」女乃跪授。胥食已，告曰：「追者至，夫人幸勿言。」女許諾，胥言之再三，女笑曰：「吾三十養母而不嫁，豈與人言者乎？吾以女而授男餐，非禮也；已許諾而囑之再三，是疑我不信。不信而無禮，不可以生。」乃投水而死，子胥救之不及。及入吳，破楚歸，乃投千金於水，以報其女。**羊子懷金，妻孥譏其不義；**樂羊子拾遺金於道，懷歸示妻，妻曰：「吾聞智士不飲盜泉之水，賢者不受嗟來之食，子何戀非禮之金，而甘爲不義乎？」答曰：「金無主者。」妻曰：「金無主者，心無主者乎？」樂羊子慙，乃俟於道而還其人。**齊人乞墦，妾婦泣其無良。**齊人有一妻一妾，每出必醉飽而歸，問其與飲食者，盡富貴之家。妻疑其日從貴人飲而無顯者來，乃密尾夫行，則見其出郭而往墦塚之間，乞祭者之餘，不一而足。妻耻之，歸告其妾曰：「良人者，所仰望而終身也，今若此！」乃與其妾訕其良人，而相泣於中庭。齊人不知，尚施施自得〔二〕，歸而驕誑其妻妾也。**宋伯姬保傅不具不下堂，寧焚烈燄；**宋共公夫人伯姬，魯宣公女也，公卒，弟元公立。至景公時，值宮中火，左右請夫人避火，伯姬曰：「婦人之義，保傅不具，夜不下堂。」保母至曰：「夫人避火。」伯姬曰：「傅母未至也，豈可以亂而失禮？」火勢既逼，宮人奔散，伯姬終不下堂而焚死，年已六十矣。**楚貞姜符節不來不應召，甘没狂瀾。**楚昭王夫人貞姜從王出遊，留姜於漸臺之上，與之約：「相召必以符。」及江水暴至，王使召夫人而忘取符，夫人不行，使者曰：「水大至，還取符，恐不及，夫人速行。」夫人曰：「符所以明信，信所以制禮，無禮而生，不如守禮而死。」使者還取符，則水高臺没，夫人死矣。昭王哀之，謚曰貞姜。**是皆動必合義，居必中度，勉夫子以匡其失，守己身以善其道，秉禮而行，至死不變者，洵可法也！**

校勘記

〔一〕侍女救之不得　「侍」字底本作「待」，據李光明莊本改。

〔二〕尚施施自得　「尚」字底本作「由」，據崇德書院本、李光明莊本改。

智慧篇

治安大道，固在丈夫，治國安天下，固男子之大道，而正身、齊家之要，亦關於婦道，不可缺也。**有智婦人，勝於男子。**家有智慧之婦，匡救夫子之失，而應倉卒之變，有男子所不可及者。**遠大之謀，預思而可料；倉卒之變，泛應而不窮。**言古之賢婦每遇事勢之來，能思患而預防之，已至而能應倉卒之變，未至而能决終身之機，皆不可及也。**求之閨闥之中，是亦笄幃之傑。**言婦女而具智慧之識，是亦女中之傑也。**是故齊姜醉晉文而命駕，卒成霸業；**晉文公初爲公子，避難之齊，齊桓公妻之以女，文公樂而忘返。從遊之臣趙衰、魏犨等議於桑中，欲劫公子歸而圖國，桑女聞而奔告齊姜，姜殺之以滅口。乃飲公子醉，亟召趙衰等扶公上車，公子醒，已離齊境矣。乃遍曆楚秦，借兵復國，以成霸業。犨，音酬。**有緡娠少康而出竇，遂致中興。**娠，音身。夏寒浞弑夏帝相而篡其位，帝妃有緡氏懷娠，而匿於墻穴之中，得不死。逃歸母家，而生少康，虞君妻以二女，有衆五百人，乃滅寒浞而中興夏室。**顏女識聖人之後必顯，喻父擇壻而禱尼丘；**孔子父叔梁紇喪妻，欲再娶，母顏氏之父言於家曰：「孔叔梁老醜而武勇，欲再娶，人無妻之者，奈何？」其少女徵在曰：「吾聞孔氏聖王之裔，其後必昌，妻之何傷？」父曰：「然則以汝妻之可也。」遂以之嫁叔梁。恐其老無子，乃禱於尼丘山神，而生仲尼焉。**陳母知先世之德甚微，令子因人以取侯爵。**秦末天下大亂，陳嬰素有才略，衆欲立以爲君，母曰：「汝家先世無大德，舉事必不成，不若擇主而事，事成尤可封侯，不成尤可自免也。」嬰乃從項梁起兵。後歸漢，以功封棠邑侯。**剪髮留賓，知吾兒之志大；**陶侃少有大志，所交之友皆當世之傑。有范逵過其家，貧無供具，母乃剪髮，密賣以買饌，剉其床草，薦以飼其馬。逵歎曰：「非此母不生此子！」**隔屏窺客，識子友之不凡。**房玄齡從文中子學，諸同門皆一時之傑。嘗過齡家，母從屏後窺之，曰：「皆卿相之器也，吾兒有友如此，吾何患乎！」後房與其友如杜如晦、薛元敬等，皆仕唐太宗爲卿相。**楊敞妻促夫出而定策，以立一代之君；**漢昌邑王無道，大將軍霍光欲廢之而立宣帝，乃往丞相楊敞家議立。敞老而懦，聞議戰慄而退入室，妻促其出曰：「廢昏立明，何等大事，而畏縮如此？今不出，明日議成而族滅矣。」敞乃出，定策而立宣帝，以功封平通侯。**周顗母因客至而當庖，能具百人之食。**晉吏部尚書周顗，字伯仁，母李氏，名絡秀，田家女也。父安東將軍周浚，常因獵遇雨，避於李氏。李出而母病，女獨與一婢一僕，殺猪爲饌，具百人之食，而極其豐腆。浚聞而歎曰：「賢哉女也！」因求爲妾。父初猶未許，女曰：「吾家户大而世微，嫉之者衆，不結納貴人，何以保家？」父遂允之，而生伯仁。**晏御揚揚，妻恥之而令夫致貴；**晏子爲齊相，御車者御晏子而過己門，揚揚有自得之意，其妻恥之。御者歸而其妻請去，夫問其故，妻曰：「晏子身材五尺而爲齊相〔一〕，吾見其恭謙敬慎，而常若不足。子今七尺之身而甘爲之御，過里門而揚揚自得，其意若此，非吾夫也。」御者謝其妻而深自刻責，學道謙恭，常若不足。晏子怪而問之，御者以告。晏子嘉其納善自改，聞諸景公，以爲大夫，妻爲命婦。**甯歌浩浩，姬識之而喻相尊賢。**齊桓公出遊，見甯戚叩牛角而歌，知其賢者也，使相管仲迎之。戚曰：「浩浩乎白水。」管仲不喻其意，五日不朝，而有憂色。妾婧請問其故，仲語之，婧笑曰：「人已明告君，君胡不知也？古詩曰：『浩浩白水，儵儵之魚。君來召我，我將安居。國家未定，從我焉如。』此甯戚之欲得仕於國也。」仲大悦，以告桓公。公齋戒請於祖廟，以甯戚爲相，而齊大治。**徒讀父書，知趙括之不可將；**趙趙奢善用兵，死後，王以其子趙括爲將以拒秦。括母見王曰：「括不可用也。其爲人也，徒讀父書而不能用，嘗與妾夫論兵强辯，而夫不能難。夫謂妾曰：『括不知兵而强辯，使之爲將，必喪師而辱國也。』」王不聽，母曰：「括如敗，請無坐妾罪。」王許之。後括果大敗，喪兵四十萬。**獨聞妾慟，識文伯之不好賢。**魯公父文伯死，諸妾哭之甚哀，有自經以殉者，其母不悦曰：「吾子相魯，死而賢士大夫吊者俱無戚容，而姬妾婢若此，是獨鍾愛於妾婦而簡賢棄禮也，其死宜矣。」**樊女笑楚相之蔽賢，終舉賢而安萬乘；**楚莊王退朝，樊姬問曰：「何晏也？」王曰：「與賢相虞丘子言，不覺其日之晏也。」樊姬笑曰：「虞丘子賢矣，惜不忠也。妾事王十一年，而進九女，皆賢於妾；虞丘相楚十年，所進無非子弟、宗族，未聞進一賢者也。」王乃告虞丘子。虞丘乃避舍求賢，得孫叔敖爲相，而楚國大治。**漂母哀王孫而進食，後封王以報千金。**韓信釣魚於淮水，而漂絮之母憐其貧，嘗飯之，信曰：「吾必有以報母。」母曰：「吾哀王孫而進食，豈望報乎？」後信助漢破楚，封齊王，報母以千金。**樂羊子能聽妻諫以成名，**漢樂羊子遊學，未久而歸，妻問之，曰：「思卿懷歸耳。」妻方織，乃引刀自斷其機，曰：「積絲成寸，積寸成尺，尺寸不已，遂成丈匹。今吾子學業未成而歸，猶妾之斷此機，而枉費前功也。」夫感悟復學，遂成大儒。**寧宸濠不用婦言而亡國。**明寧王宸濠欲反，妃婁氏屢諫不可背國，王不聽，舉兵反，爲巡撫王守仁所執。臨死歎曰：「紂以用婦言而亡，我以不用婦言而亡。」**陶答子妻畏夫之富盛而避禍，乃保幼以養姑；**齊陶答子治陶而貪，及歸而富十倍。宗戚賀於堂，妻獨抱幼子而泣曰：「德薄而位大，是謂嬰害；無功而家昌，是謂積殃。」姑怒其不祥，遂逐之，獨與少子居。後答子竟爲盜所殺，盡劫其財，母老獨免，婦乃與少子歸養其姑。**周才美婦懼翁之横肆而辭榮，獨全身以免子。**明周才美爲太守，而其父暴横於鄉。其妻處家恒不樂，翁問之，答曰：「夫已貴，家不憂不富，而翁聚斂不休，禍不遠矣。」翁悟，乃改行爲善。其子雙目失明而免官，翁以善之無報也，乃復爲惡。子目忽明，仍起爲郡守，闔家之任，婦不從，獨攜少子居。翁、姑、夫與妾及子并幹僕，俱覆於江中，無一免者，獨妻與幼子存焉。**漆室處女不績其麻而憂魯國，**魯漆室處女不績麻而歎息，鄰婦問曰：「汝何悲乎？迨憂未嫁耶？」女曰：「非也，吾憂魯君老而太子幼也。」鄰婦笑曰：「此國家事，女子何預？」女曰：「不然。昔晉客舍吾家，馬逸而踐吾園葵，吾終歲不食葵。鄰女奔，鄰人倩吾兄追之，渡河水漲而兄死，終身無兄。今魯君老而子幼，争端起而禍亂將作，兵起郊野，殃及庶人，吾鄉里其能免乎？」後魯果大亂，人民屠戮，多死于兵。**巴家寡婦能捐己産而保鄉民。**秦築長城，巴蜀一郡當役萬人。有寡婦名清者上書，願傾家財，募人築附近邊城，以免萬人之役。乃盡出資帛百餘萬，築邊城數百里，不費官錢，而民皆不離鄉里，又得工役之資，而争效其力，不數月而城已完固。始皇嘉之，築懷清之臺，以旌其功焉。**凡此皆女子之嘉猷，婦人之明識，誠可謂知人免難，保家國而助夫子者歟！**

校勘記

〔一〕晏子身材五尺而爲齊相　「五」字底本作「三」，據李光明莊本改。

勤儉篇

勤者女之職，儉者富之基。女不勤則生業廢怠，不儉則資産耗散，非治家之道。**勤而不儉，枉勞其身；**勤者必勞，若不儉，則勞而無補。**儉而不勤，甘受其苦。**儉者省約而甘淡薄，若不勤其職業而補益之，則徒自苦而已。**儉以益勤之有餘，勤以補儉之不足。**能勤而儉，則日益而有餘；能儉而勤，則家饒而無不足。**若夫貴而能勤，則身勞而教以成；富而能儉，則守約而家日興。**已貴而勤，則家人不惰，是以身爲教也；已富而儉，則日用不耗，是因約而致豐也。**是以明德以太后之尊，猶披大練；**明德馬皇后，漢明帝后、章帝之母也，性恭儉，常衣白練之衣，不尚華采。**穆姜以上卿之母，尚事紉麻。**紉，音銀。紉，績也。穆姜，魯上卿公父文伯母、穆伯妻敬姜也。文伯退朝，見其母績麻，曰：「以歜之家，而主母猶績乎？」母歎曰：「魯其亡乎？使童子爲卿而不聞大道也，夫人勞則思善，逸則思惡，今汝爲卿而不知勞，反怪吾之勤於女職，吾懼魯之將亡，而廢穆伯之祀也。」事見春秋傳。歜，音畜。**葛覃、卷耳，咏后妃之賢勞；**周南葛覃之詩，言后妃采葛而親爲刈獲，以成絺綌而爲衣服也。卷耳，言后妃登山采卷耳，以供宗廟之祀，而思念君子也。皆述后妃勤苦之事。**采蘩、采蘋，述夫人之恭儉。**召南采蘩之詩，美夫人之貴而能勤也。采蘋，美大夫之妻恭敬節儉、勤于宗祀也。**七月之章，半言女職；**豳風七月之篇，大家貴女皆不辭勞苦，而親爲農桑之事，夫耕而妻饁其食，夫獲而婦滌其場。以公卿之女，采桑養蠶、繅絲織帛而爲公子之裳，製狐貉之皮爲公子裘，其勤事執勞恭儉如此。**五噫之咏，實賴妻賢。**漢梁鴻咏五噫之歌以避世，同妻孟光入吴，夫婦爲人舂米。每進食，妻舉案齊眉，跪而獻鴻。**仲子辭三公之貴，已織屨而妻辟纑；**纑，音盧。纑，辟草以結繩，紉麻以爲線也。齊王欲以陳仲子爲相，不受而避于於陵，妻辟纑、已織屨以爲食。**少君却萬貫**

之粧，共挽車而自出汲。桓少君，漢鮑宣妻也。始嫁而僕婢裝資甚盛，宣不悦曰：「少君生富驕而適貧賤，吾不敢當。」妻曰：「父以先生修德守約，故以妾事君子，惟命是從。」乃歸其僕婢衣飾，着荆釵布裙，與夫共挽鹿車回里，拜姑舅畢，提甕出汲。**是皆身執勤勞，躬行節儉，揚芳譽於詩書，播令名於史册者也，旃其勖諸！**勖，勉也。

才德篇

男子有德便是才，斯言猶可；言人貴有德，不貴有才。有才無德，必非正人；有德無才，不害其爲善人也。**女子無才便是德，此語殊非。**上二句乃古人之言，首句之言，猶不背理，次句之言，意雖正，而理則非也。蓋男女雖殊，其德一也，女尚德而不尚才，理之正也，若云無才便是德，則非矣。**蓋不知才德之經，與邪正之辯也。**才者，德之用也，有德之才爲正用，爲治國、齊家、修身之道；無德之才爲邪用，以博名、致富、害人、利己而已。**夫德以達才，才以成德，**正心修身而後齊家治國，德以達才也；格物致知而后誠意正心，才以成德也。無德不可以達才，無才不可以成德。**故女子之有德者，固不必有才，而有才者，必貴乎有德。**女子以德爲本，才之有無不足較也。**德本而才末，固理之宜然，若夫爲不善，非才之罪也。**凡有才無德，是捨本而務末，必流入於邪而不正，豈才之罪也！**故經濟之才，婦言猶可用；而邪僻之藝，男子亦非宜。**人能以才匡君正家、布德免患，雖在婦人，亦爲經濟之才。若夫淫佚之詞、傾邪之語，非惟婦人之大忌，即男子亦深絶而痛戒之。**禮曰：「奸聲亂色，不留聰明；淫樂慝禮，不役心志。」**聰明，耳目也，耳不聽惡聲，目不視惡色是也；淫樂，如今之詞曲淫邪之聲；慝禮，如趨承、媚諂、足恭之禮。皆亂人聰明，喪人心志，所當深戒者。**君子之教子也，獨不可以訓女乎？**以上四句乃君子所以教人也，在男子尚宜遵守，豈不可以教女乎？女而知此，必無有才無德之失。**古者后妃夫人，以逮庶妾匹婦，莫不知詩，豈皆無德者歟？**俗謂女人有才，能敗其德，不知詩三百篇，多婦人女子之詞，其詩皆忠厚和平，懷君慕善，樂而不淫，怨而不怒，豈皆有才無德者哉！**末世妒婦淫女，及乎悍妻潑媪，大悖於禮，豈盡有才者耶？**俗言女子無才便是德，今時淫女悍婦不識一字，而凌虐夫子、忤逆公姑、肆詈鄉黨者多矣，安在其無才便是德耶！**曷觀齊妃有雞鳴之詩，鄭女有雁弋之警。**齊風詩曰：「雞既鳴矣，朝既盈矣。匪雞則鳴，蒼蠅之聲。」蓋賢妃恐其君視朝之晏，聞蒼蠅之聲而以爲雞鳴也。鄭風詩云：「女曰雞鳴，士曰昧旦。子興視夜，明星有爛。將翱將翔，弋鳧與雁。」蓋女子警其夫之詩，言雞鳴將旦之時，明星方爛，而促其夫早起，俟鳧雁之翱翔而弋取之也。**緹縈上章以救父，肉刑用除；**緹縈事見孝行篇。**徐惠諫疏以匡君，窮兵遂止。**唐太宗末年，欲再征高麗，淑妃徐惠上疏，諫帝不可窮兵伐遠國，以勞萬乘而耗中國之民力，帝遂止。**宣文之授周禮，六官之鉅典以明；**前秦苻堅時，周禮殘缺，遂失其學。太常韋逞母宋氏，年八十餘，世習周禮，秦主封爲宣文君，陞堂講解周官六典，生儒從講者數百人，由是周禮之學大明於世。**大家之續漢書，一代之鴻章以備。**大家，音太姑。後漢班固作前漢書，未竟而卒，其妹班昭續成之，世號曰曹大家。**孝經著於陳妻，論語成於宋氏；**唐陳邈妻鄭氏著女孝經十八篇；女尚宫宋氏著女論語十二篇，見前書。**女誡作於曹昭，内訓出於仁孝。**曹昭即班昭，曹世叔之妻曹大家也，作女誡七篇。明成祖仁孝文皇后徐氏，作内訓二十篇，俱見前書。**敬姜紡績而教子，言標左史之章；**敬姜事見前篇，其詞見左丘明國語。**蘇蕙織字以致夫，詩製迴文之錦。**苻秦竇滔鎮襄陽，久不歸，妻蘇蕙織錦字迴文詩以遺之。其詩周旋反覆，三五七言，環轉成章，凡五千餘首。滔見詩，即解官歸。**柳下惠之妻能誄其夫，**柳下惠卒，門人請誄，妻曰：「誄夫子之德，二三子不如妾之知夫子也。」乃誄曰：「夫子之不伐兮，夫子之不竭兮，夫子之信誠而與人無害兮。」「蒙恥救民，德彌大兮。雖遇三黜，終不蔽兮。愷悌君子，永能厲兮〔一〕。」「夫子之謚，宜爲惠兮。」門人從之，不能易一字，遂謚爲惠。**漢伏氏之女傳經於帝。**漢文帝時，尚書殘廢，諸儒無知者。有老儒伏生，年九十餘，知尚書，言詞佶倔，手不能書。有女孫年十三，知祖父之語而能書。帝命伏生於前殿説尚書，女在旁録之。書成授帝，大賜金帛，而尚書之經遂傳於世。**信宫闈之懿範，誠女學之芳規也。由是觀之，則女子之知書識字，達禮通經，名譽著乎當時，才美揚乎後世，亶其然哉！**言女子知書達禮，其賢如此。**若夫淫佚之書，不入於門；邪僻之言，不聞於耳。在父兄者能**

思患而預防之，則養正以毓其才，師古以成其德，始爲盡善而兼美矣。言父兄能知女子之不可聞邪僻之書、聽淫佚之曲，思其患而防之以嚴、教之以禮，則知書識禮、才德兼全，不亦美乎！

校勘記

〔一〕永能厲兮　「永」字底本作「未」，據李光明莊本改。

女孝經

〔唐〕鄭　氏　撰

車佳敏、雷亞倩　點校

點校説明

女孝經，唐鄭氏著。鄭氏，唐朝散郎侯莫陳邈妻，生卒年月不詳。在女孝經進書表中，鄭氏稱夫之女侄被策爲永王妃，故作此書以戒。書約成於唐開元二十六年（七三八）後，共十八章。

女孝經在流傳的早期即五代至宋，主要以其衍生物女孝經圖的形式流傳，今存宋人女孝經圖卷軸畫，均録有女孝經文字，此可被視作現存最早的女孝經文字抄本。至明時，女孝經得以刊刻，並被收入多部叢書，廣爲流傳。

女孝經在流傳的過程中，逐漸形成兩個系統：一是插圖本系統女孝經，今存最早的女孝經圖，是分藏於北京故宫博物院（簡稱「北京卷」）和臺北故宫博物院（簡稱「臺北卷」）的兩幅宋代女孝經圖殘卷，内容爲前九章。龐元濟的虛齋名畫録，著録了舊藏宋馬欽山列女圖宋高宗書女訓合璧卷，並抄録了文字，内容爲後九章中的四章（簡稱「虛齋卷」）。明代黄治徵作注並配圖重刻的新鐫圖像鄭氏女孝經句解（今藏日本内閣文庫，簡稱「内閣本」），亦暫歸此系統。

二是文字版本系統女孝經，今存最早的抄本，是正德二年（一五〇七）收入梅純所編藝海彙函之本；今存最早且完善的刻本，是嘉靖時期顧起經輯、祇洹館刊刻的小十三經本。其後，陶珽重編的説郛收入女孝經（簡稱「重編説郛本」）；崇禎年間毛晉輯刻的津逮秘書本，也收入女孝經（簡稱「津逮秘書本」），而且它是目前存世量最大、館藏分佈範圍最廣的版本；清修四庫全書，收録了通行本説郛，女孝經也被一併收入。

目前見到的諸本女孝經，基本都是白文，注解鮮見，僅有的一、二種注本，也構不成流傳體系，故本次點校的女孝經，也是白文無注。

此次點校女孝經，以小十三經本爲底本，以北京卷、臺北卷、虚齋卷、内閣本、重編説郛本、津逮秘書本爲參校本。

女孝經

唐進女孝經表

唐朝散郎陳邈妻鄭氏上

妾聞天地之性，貴剛柔焉，夫婦之道，重禮義焉。仁、義、禮、智、信者，是謂五常。五常之教，其來遠矣，總而爲主，實在孝乎？夫孝者，感鬼神，動天地，精神至貫，無所不達。蓋以夫婦之道，人倫之始，考其得失，非細務也。易著乾坤，則陰陽之制有別；禮標羔雁，則伉儷之事實陳。妾每覽先聖垂言，觀前賢行事，未嘗不撫躬三復，嘆息久之，欲緬想餘芳，遺蹤可躅。妾姪女特蒙天恩，策爲永王妃，以少長閨闈，未閑詩禮，至於經誥，觸事面墻，夙夜憂惶，戰懼交集。今戒以爲婦之道，申以執巾之禮，並述經史正義，無復載乎浮詞，總一十八章，各爲篇目，名曰女孝經。上至皇后，下及庶人，不行孝而成名者，未之聞也。妾不敢自專，因以曹大家爲主，雖不足藏諸巖石，亦可以少補閨庭。輒不揆量，敢兹聞達，輕觸屏扆，伏待罪戾。妾鄭氏誠惶誠恐，死罪死罪，謹言。

唐進女孝經表終。

開宗明義章第一

曹大家閒居，諸女侍坐，大家曰：「昔者聖帝二女有孝道，降于嬀汭，卑讓恭儉，思盡婦道，賢明多智，免人之難，汝聞之乎？」諸女退位而辭曰：「女子愚昧，未嘗接大人餘論，曷得以聞之？」大家曰：「夫學以聚之，問以辯之，多聞闕疑，可以爲人之宗矣。汝能聽其言，行其事，吾爲汝陳之。夫孝者，廣天地，厚人倫，動鬼神，感禽獸。恭近於禮，三思後行，無施其勞，不伐其善，和柔貞順，仁明孝慈，德行有成，可以無咎。」書云：「孝乎惟孝，友于兄弟。」此之謂也。

后妃章第二

大家曰：「關雎麟趾，后妃之德。憂在進賢，不淫其色，朝夕思念，至于憂勤，而德教加于百姓，刑于四海，蓋后妃之孝也。」詩云：「鼓鐘于宮，聲聞于外。」

夫人章第三

居尊能約，守位無私，審其勤勞，明其視聽。詩書之府，可以習之；禮樂之道，可以行之。故無賢而名昌，是謂積殃；德小而位大，是謂嬰害。豈不誡歟！靜專動直，不失其儀，然後能和其子孫，保其宗廟，蓋夫人之孝也。易曰：「閑邪存其誠，德博而化。」

邦君章第四

非禮教之法服，不敢服；非詩書之法言，不敢道；非信義之德行，不敢行。欲人不聞，勿若勿言；欲人不知，勿若勿爲；欲人勿傳，勿若勿行。三者備矣，然後能守其祭祀，蓋邦君之孝也〔一〕。詩云：「于以采蘩，于沼于沚。于以用之，公侯之事。」

校勘記

〔一〕蓋邦君之孝也　北京卷、臺北卷無該句。

庶人章第五

爲婦之道，分義之利，先人後己，以事舅姑，紡績裳衣，社賦蒸獻，此庶人妻之孝也。詩云：「婦無公事，休其蠶織。」

事舅姑章第六

女子之事舅姑也，敬與父同，愛與母同，守之者義也，執之者禮也。雞初鳴，咸盥漱，衣服以朝焉。冬温夏清，昏定晨省，敬以直内，義以方外，禮信立而後行。詩云：「女子有行，遠兄弟父母。」

三才章第七

諸女曰：「甚哉！夫之大也。」大家曰：「夫者，天也，可不務乎？古者女子出嫁曰歸，移天事夫，其義遠矣，天之經也，地之義也，人之行也。天地之性，而人是則之，則天之明，因地之利，防閑執禮，可以成家。然後先之以汎愛，君子不忘其孝慈；陳之以德義，君子興行；先之以敬讓，君子不争；導之以禮樂，君子和睦；示之以好惡，君子知禁。」詩云：「既明且哲，以保其身。」

孝治章第八

大家曰：「古者，淑女之以孝治九族也，不敢遺卑幼之妾，而况於娣姪乎？得六親之懽心，以事其舅姑。治家者不敢侮於雞犬，而况於小人乎？故得上下之懽心，以事其夫。理閨者不敢失於左右，而况於君子乎？故得人之懽心，以事其親。夫然，故生則親安之，祭則鬼享之，是以九族和平，萋菲不生，禍亂不作。故淑女之以孝治上下也如此。」詩云：「不愆不忘，率由舊章。」

賢明章第九

諸女曰：「敢問婦人之德，無以加於智乎？」大家曰：「人肖天地，負陰抱陽，有聰明賢哲之性，習之無不利，而况於用心乎？昔楚莊王晏朝，樊女進曰：『何罷朝之晚也？得無倦乎？』王曰：『今與賢者言樂，不覺日之晚也。』樊女曰：『敢問賢者誰歟？』曰：『虞丘子。』樊女掩口而笑，王怪問之。對曰：『虞丘子賢則賢矣，然未忠也。妾幸得充後宮，尚湯沐，執巾櫛，備掃除，十有一年矣，妾乃進九女，今賢於妾者二人，與妾同列者七人。妾知妨妾之愛，奪妾之寵，然不敢以私蔽公，欲王多見博聞也。今虞丘子居相十年，所薦者非其子孫，則宗族昆弟，未嘗聞進賢而退不肖，可謂賢哉？』王以告之，虞丘子不知所爲，乃避舍露寢，使人迎孫叔敖而進之，遂立爲相。夫以一言之智，諸侯不敢窺兵，終霸其國，樊女之力也。」詩云：「得人者昌，失人者亡。」又曰：「辭之輯矣，人之洽矣。」

紀德行章第十

大家曰：「女子之事夫也，纚笄而朝，則有君臣之嚴；沃盥饋食，則有父子之敬；報反而行，則有兄弟之道；受期必誠，則有朋友之信；言行無玷，則有理家之度。五者備矣，然後能事夫。居上不驕，爲下不亂，在醜不争。居上而驕則殆，爲下而亂則辱，在醜而争則乖。三者不除，雖和如琴瑟，猶爲不婦也。」

五刑章第十一

大家曰：「五刑之屬三千，而罪莫大於妒忌，故七出之狀，標其首焉。貞順正直，和柔無妒；理於幽閨，不通於外；目不狗色，耳不留聲；耳目之欲，不越其事。蓋聖人之教也，汝其行之。」詩云：「令儀令色，小心翼翼。古訓是式，威儀是力。」

廣要道章第十二

大家曰：「女子之事舅姑也，竭力而盡禮；奉娣姒也，傾心而罄義；撫諸孤以仁，佐君子以智。與娣姒之言信，對賓侣之容敬。臨財廉，取與讓，不爲苟得。動必有方，貞順勤勞，勉其荒怠。然後慎言語，省嗜慾；出門必掩蔽其面，夜行以燭，無燭則止；送兄弟不踰于閾。此婦人之要道，汝其念之。」

廣守信章第十三

立天之道，曰陰與陽；立地之道，曰柔與剛。陰陽剛柔，天地之始；男女夫婦，人倫之始。故乾坤交泰，誰能間之？婦地夫天，廢一不可。然則丈夫百行，婦人一志，男有重婚之義，女無再醮之文。是以芣苡興歌，蔡人作誡；匪石爲歎，衛主知慚。昔楚昭王出遊，留姜氏於漸臺，江水暴至。王約迎夫人必以符合，使者倉卒，遂不請行，姜氏曰：「妾聞貞女義不犯約，勇士不畏其死，妾知不去必死，然無符不敢犯約。雖行之必生，無信而生，不如守義而死。」會使者還取符，則水高臺没矣。其守信也如此，汝其勉之。易曰：「鶴鳴在陰，其子和之。」

廣揚名章第十四

大家曰：「女子之事父母也孝，故忠可移於舅姑；事姊妹也義，故順可移於娣姒；居家理，故理可聞於六親。是以行成於内，而名立於後世矣。」

諫諍章第十五

諸女曰：「若夫廉貞、孝義、事姑、敬夫、揚名，則聞命矣，敢問婦從夫之令，可謂賢乎？」大家曰：「是何言歟？是何言歟？昔者周宣王晚朝，姜后脱簪珥待罪於永巷，宣王爲之夙興。漢成帝命班婕妤同輦，婕妤辭曰：『妾聞三代明王，皆有賢臣在側，不聞與嬖女同乘。』成帝爲之改容。楚莊王耽于遊畋，樊女乃不食野味，莊王感焉，爲之罷獵。由是觀之，天子有諍臣，雖無道，不失其天下；諸侯有諍臣，雖無道，不失其國；大夫有諍臣，雖無道，不失其家；士有諍友，則不離於令名；父有諍子，則不陷於不義；夫有諍妻，則不入於非道。是以衞女矯齊桓公不聽淫樂，齊姜遣晉文公而成霸業。故夫非道則諫之，從夫之令，又焉得爲賢乎！」詩云：「猷之未遠，是用大諫。」

胎教章第十六

大家曰：「人受五常之理，生而有性習也，感善則善，感惡則惡，雖在胎養，豈無教乎？古者婦人妊子也，寢不側，坐不邊，立不跛；不食邪味，不履左道；割不正不食，席不正不坐；目不視惡色，耳不聽靡聲，口不出傲言，手不執邪器；夜則誦經書，朝則講禮樂。其生子也，形容端正，才德過人，其胎教如此。」

母儀章第十七

大家曰：「夫爲人母者，明其禮也，和之以恩愛，示之以嚴毅，動而合禮，言必有經。

男子六歲，教之數與方名；七歲男女不同席、不共食；八歲習之以小學，十歲從以師焉。出必告，反必面。所遊必有常，所習必有業。居不主奧，坐不中席，行不中道，立不中門。不登高，不臨深，不苟訾，不苟笑，不有私財。立必正方，耳不傾聽。使男女有別，遠嫌避疑，不同巾櫛。女子七歲，教之以四德。其母儀之道如此。皇甫士安叔母有言曰：「孟母三徙以教成仁〔一〕，買肉以教存信。居不卜鄰，令汝魯鈍之甚。」詩云：「教誨爾子，式穀似之。」

校勘記

〔一〕孟母三徙以教成仁　「仁」字底本作「人」，據虛齋卷、晉書皇甫謐傳改。

舉惡章第十八

諸女曰：「婦道之善，敬聞命矣，小子不敏，願終身以行之。敢問古者亦有不令之婦乎？」大家曰：「夏之興也以塗山，其滅也以妹喜；殷之興也以有莘氏，其滅也以妲己；周之興也以太任，其滅也以褒姒。此三代之王，皆以婦人失天下，身死國亡，而況於諸侯乎？況於卿大夫乎？況於庶人乎？故申生之亡，禍由驪女；愍懷之廢，釁起南風。由是觀之，婦人起家者有之，禍於家者亦有之。至於陳御叔之妻夏氏，殺三夫、戮一子、弑一君、走兩卿、喪一國，蓋惡之極也，夫以一女子之身，破六家之産，吁可畏哉！若行善道，則不及於此矣。」

女誡（後漢書本）

〔東漢〕班　昭　撰
〔唐〕李　賢等　注
王丹妮　點校

點校說明

女誡一卷，東漢班昭撰。

早期女誡的流傳，依託於後漢書。女誡全文被收於後漢書，所以南梁劉昭爲後漢書作注時，也涵蓋了女誡。唐時，章懷太子李賢集學者重注後漢書紀、傳，女誡也隨之被重注。宋人以李注代劉注，鏤板刊行，遂成今日後漢書女誡李注之面貌。女四書出現之前，宋明學者選用女誡，均依據後漢書所載；而女四書出現後，其所收録的女誡，則成爲清代學者編纂童蒙叢書時最重要的參用本。可以説，後漢書版本系統與女四書版本系統，代表了女誡在社會上産生影響的兩個階段。基於此，我們此次也將女誡的後漢書本一併校出，以供讀者參考。

此次後漢書系統女誡的點校，以中國國家圖書館所藏北宋刻遞修本（簡稱「國圖本」）爲底本，底本漫漶不清處，以南宋紹興本後漢書補定，補定部分不另出校記。參校本有五：一、明毛晉汲古閣後漢書本（簡稱「汲古閣本」），二、清武英殿後漢書本（簡稱

「武英殿本」），三、國圖所藏汲古閣影宋鈔小學五書本（簡稱「小學五書本」），四、上海古籍出版社説郛三種中的重編説郛（一百二十卷）本（簡稱「重編説郛本」），五、文淵閣四庫全書戒子通録本（簡稱「戒子通録本」），同時參考前輩學者有關後漢書的整理和研究成果。

女誡（後漢書本）

序

鄙人愚暗，受性不敏，蒙先君之餘寵，賴母師之典訓。母，傅母也。師，女師也。左傳曰：「宋伯姬卒，待姆也。」毛詩曰：「言告師氏，言告言歸。」年十有四，執箕帚於曹氏，前書呂公謂高祖曰：「臣有息女，願爲箕帚妾。」言執箕帚主賤役，以事舅姑。于今四十餘載矣。戰戰兢兢，常懼黜辱，以增父母之羞，以益中外之累。中，内也。夙夜劬心，勤不告勞，而今而後，乃知免耳。吾性疏頑，教導無素，素，先也。恒恐子穀負辱清朝。三輔決録曰：「齊相子穀，頗隨時俗。」注云：「曹成，壽之子也。司徒掾察孝廉，爲長垣長。母爲太后師，徵拜中散大夫。」子穀即成之字也。聖恩横加，猥賜金紫，漢官儀曰「二千石金印紫綬」也。實非鄙人庶幾所望也。男能自謀矣，吾不復以爲憂也。但傷諸女方當適人，而不漸訓誨，不聞婦禮，懼失容它門，取恥宗族。吾今疾在沈滯，性命無常，念汝曹如此，每用惆悵。間作女誡七章，願諸女各寫一通，庶有補益，裨助汝身。去矣，其勖勉之！去矣，猶言從今已往。

卑弱第一

古者生女三日，臥之牀下，弄之瓦塼，而齋告焉。詩小雅曰：「乃生女子，載寢之地，載弄之瓦。」毛萇注云：「瓦，紡塼也。」箋云：「臥之於地，卑之也。紡塼，習其所有事也。」臥之床下，明其卑弱，主下人也。弄之瓦塼，明其習勞，主執勤也。齋告先君，明當主繼祭祀也。毛詩傳曰：「采蘋，大夫妻能循法度也。能循法度，則可以承先祖供祭祀矣。」「于以采蘋，南澗之濱。于以采藻，于彼行潦。于以盛之，惟筐及筥。于以湘之，惟錡及釜。于以奠之，宗室牖下〔一〕。誰其尸之？有齊季女。」三者蓋女人之常道，禮法之典教矣。謙讓恭敬，先人後己，有善莫名，不自名己之善也。有惡莫辭，忍辱含垢，常若畏懼，是謂卑弱下人也。晚寢早作，勿憚夙夜，作，起也。執務私事，不辭劇易，劇猶難也。所作必成，手迹整理，是謂執勤也。正色端操，以事夫主，清靜自守，無好戲笑，絜齊酒食，以供祖宗，絜，清也，謂食也。左傳曰「絜粢豐盛」也。是謂繼祭祀也。三者苟備，而患名稱之不聞，黜辱之在身，未之見也。三者苟失之，何名稱之可聞，黜辱之可遠哉！

校勘記

〔一〕宗室牖下　底本作「宗室牖户」，據汲古閣本、武英殿本、小學五書本改。

夫婦第二

夫婦之道，參配陰陽，通達神明，信天地之弘義，人倫之大節也。是以禮貴男女之際，詩著關雎之義。禮記曰：「昏禮者，將合二姓之好，上以事宗廟，而下以繼後世也，故君子重之。」詩關雎，樂得賢女，以配君子也。由斯言之，不可不重也。夫不賢，則無以御婦；婦不賢，則無以事夫。夫不御婦，則威儀廢缺；婦不事夫，則義理墮闕。墮音許規反。墮，廢也。方斯二事，其用一也。察今之君子，徒知妻婦之不可不御，威儀之不可不整，故訓其男，檢以書傳。殊不知夫主之不可不事，禮義之不可不存也。但教男而不教女，不亦蔽於彼此之數乎！禮，八歲始教之書，十五而至於學矣，禮記曰：「八歲入小學。」獨不可依此以爲則哉！

敬慎第三

陰陽殊性，男女異行。陽以剛爲德，陰以柔爲用，男以彊爲貴，女以弱爲美。故鄙諺有云：「生男如狼，猶恐其尫；生女如鼠，猶恐其虎。」然則修身莫若敬，避彊莫若順。故曰敬順之道，婦人之大禮也。夫敬非它，持久之謂也；夫順非它，寬裕之謂也。持久者，知止足也；寬裕者，尚恭下也。夫婦之好，終身不離。房室周旋，遂生媟黷。媟黷既生，語言過矣。語言既過，縱恣必作。縱恣既作，則侮夫之心生矣。此由於不知止足者也。夫事有曲直，言有是非。直者不能不争，曲者不能不訟。訟争既施，則有忿怒之事矣。此由於不尚恭下者也。侮夫不節，譴呵從之；忿怒不止，楚撻從之。夫爲夫婦者，義以和親，恩以好合，楚撻既行，何義之存？譴呵既宣，何恩之有？恩義俱廢，夫婦離矣。

婦行第四

女有四行，一曰婦德，二曰婦言，三曰婦容，四曰婦功。禮記文也。夫云婦德，不必才明絶異也；婦言，不必辯口利辭也；婦容，不必顔色美麗也；婦功，不必工巧過人也。清閑貞静，守節整齊，行己有恥，動静有法，是謂婦德。擇辭而説，不道惡語，時然後言，不厭於人，是謂婦言。盥浣塵穢，服飾鮮絜，沐浴以時，身不垢辱，是謂婦容。專心紡績，不好戲笑，絜齊酒食，以奉賓客，是謂婦功。此四者，女人之大德，而不可乏之者也。然爲之甚易，唯在存心耳。古人有言：「仁遠乎哉？我欲仁，而仁斯至矣。」論語孔子之言也。此之謂也。

專心第五

禮，夫有再娶之義，儀禮曰：「父在爲母，何以期？至尊在，不敢伸也。父必三年而後娶，達子志也。」婦無二適之文，故曰夫者天也。儀禮曰：「夫者，妻之天也。婦人不二斬者，猶曰不二天也。」天固不可逃，夫固不可離也。行違神祇，天則罰之；禮義有愆，夫則薄之。故女憲曰：「得意一人，是謂永畢；失意一人，是謂永訖。」由斯言之，夫不可不求其心。然所求者，亦非謂佞媚苟親也。固莫若專心正色，禮義居絜，耳無塗聽，目無邪視，出無冶容，入無廢飾，無聚會群輩，無看視門户，此則謂專心正色矣。若夫動静輕脱，視聽陜輸，陜輸，不定貌也。入則亂髮壞形，出則窈窕作態，窈窕，妖冶之貌也。説所不當道，觀所不當視，此謂不能專心正色矣。

曲從第六

夫得意一人，是謂永畢；失意一人，是謂永訖。欲人定志專心之言也。舅姑之心，豈當可失哉？物有以恩自離者，亦有以義自破者也。夫雖云愛，舅姑云非，此所謂以義自破者也。然則舅姑之心奈何？固莫尚於曲從矣。姑云不爾而是，固宜從令；不爾猶不然也。姑云爾而非，猶宜順命。勿得違戾是非，争分曲直。此則所謂曲從矣。故女憲曰：「婦如影響，焉不可賞？」影響，言順從也。

和叔妹第七

婦人之得意於夫主，由舅姑之愛己也；舅姑之愛己，由叔妹之譽己也。由此言之，我臧否譽毁，一由叔妹，叔妹之心，復不可失也。皆莫知叔妹之不可失，而不能和之以求親，其蔽也哉！自非聖人，鮮能無過！故顔子貴於能改，仲尼嘉其不貳，論語孔子曰：「顔回不貳過。」易曰：「顔氏之子，其殆庶幾乎！有不善未嘗不知，知之未嘗復行也。」而况婦人者也！雖以賢女之行，聰哲之性，其能備乎！是故室人和則謗掩，外内離則惡揚。此必然之勢也。易曰：「二人同心，其利斷金。同心之言，其臭如蘭。」此之謂也。金，物之堅者。若二人同心，則其利可以斷之。二人既同心，其芳馨如蘭也。古人通謂氣爲臭也。夫嫂妹者，體敵而尊，恩疏而義親。若淑媛謙順之人，淑，善也。美女曰媛也。則能依義以篤好，崇恩以結援，使徽美顯章，而瑕過隱塞，舅姑矜善，而夫主嘉美，聲譽曜於邑鄰，休光延於父母。若夫惷愚之人，於嫂則託名以自高，於妹則因寵以驕盈。驕盈既施，何和之有！恩義既乖，何譽之臻！是以美隱而過宣，姑忿而夫愠，毁訾布於中外，恥辱集於厥身，進增父母之羞，退益君子之累。君子謂夫也。詩曰：「未見君子，憂心忡忡。」斯乃榮辱之本，而顯否之基也，可不慎哉！然則求叔妹之心，固莫尚於謙順矣。謙則德之柄，易繫辭之文也。順則婦之行。凡斯二者，足以和矣。詩云：「在彼無惡，在此無射。」其斯之謂也。韓詩周頌之言也。射，厭也。射音亦。毛詩「射」作「斁」也。

内訓（永樂初刻本）

〔明〕徐皇后 撰
〔明〕佚 名 箋注
王丹妮 點校

點校説明

内訓一卷，明仁孝皇后徐氏撰。

内訓的刊刻，始於書成後的永樂年間，而在永樂初刻本的正文之間，夾雜小注，但注文爲何人所作，明中葉已不爲人知曉。

内訓的流傳始於官刻，至今保存完整者有永樂内府本、嘉靖内府本和楚府正心書院本，後兩版本文字内容，基本與永樂初刻本保持一致，没有明顯變動。

此次永樂初刻本系統内訓的點校，以臺北故宫博物院所藏永樂内府本爲底本（簡稱「永樂本」），參校本有三：一、中國國家圖書館藏嘉靖内府本（簡稱「嘉靖本」）；二、國圖藏楚府正心書院本（簡稱「楚府本」）；三、臺北商務印書館影印文淵閣四庫全書本（簡稱「四庫本」）。

内訓（永樂初刻本）

内訓序

吾幼承父母之教，誦詩書之典，職謹女事。蒙先人積善餘慶，夙被妃庭之選，事我孝慈高皇后，朝夕侍朝。高皇后教諸子婦，禮法唯謹，吾恭奉儀範，日聆教言，祗敬佩服，不敢有違。肅事今皇上三十餘年，一遵先志，以行政教。吾思備位中宫，愧德弗似，歉於率下，無以佐皇上内治之美，以忝高皇后之訓。常觀史傳，求古賢婦貞女，雖稱德性之懿，亦未有不由於教而成者。然古者教必有方，男子八歲而入小學，女子十年而聽姆教。小學之書無傳，晦庵朱子爰編輯成書，爲小學之教者，始有所入。獨女教未有全書，世惟取范曄後漢書曹大家女戒爲訓，恒病其略。有所謂女憲、女則，皆徒有其名耳。近世始有女教之書盛行，大要撮曲禮、内則之言，與周南、召南、詩之小序及傳記而爲之者。仰惟我高皇后教訓之言，卓越往昔，足以垂法萬世。吾耳熟而心藏之，乃於永樂二年冬，用述高皇后之教以廣之，爲内訓二十篇，以教宫壼。夫人之所以克聖者，莫嚴於養其德性以修其身，故首之以德性，而次之以修身。而修身莫切於謹言行，故次之以慎言、謹行。推而至於勤勵、警戒，而又次之以節儉。人之所以獲久長之慶者，莫加於積善，所以無過者，莫加於遷善，又次之以積善、遷善。之數者皆身之要，而所以取法者，則必守我高皇后之教也，故繼之以崇聖訓。遠而取法於古，故次之以景賢範。上而至於事父母、事君、事舅姑、奉祭祀，又推而至於母儀、睦親、慈幼、逮下，而終之於待外戚。顧以言辭淺陋，不足以發揚深旨，而其條目亦粗備矣。觀者於此，不必泥於言，而但取于意，其於治内之道，或有裨於萬一云。

永樂三年正月望日序

德性章第一

貞静幽閒，端莊誠一，女子之德性也。孝敬仁明，慈和柔順，德性備矣。夫德性原於所稟，而化成於習，匪由外至，實本於身。貞静者，正固而不妄動也；幽閒者，幽深閒雅之謂；端莊者，齊肅正直之謂；誠一者，真實無妄之謂。善事父母爲孝，主一無適爲敬。仁者，心之德，愛之理。

明，謂聰明。慈者，無不愛；和者，無所乖；柔順者，坤之德也。言是數者，女子之德性也，必全是數者而後德性備。夫德性者，天之所命而成於所禀，無有不善。而氣習變化，始有善惡之異，然非由外爍我者也，實本於吾之身而已。爍，商入聲。**古之貞女，理性情，治心術，崇道德，故能配君子以成其教。**言古之貞女，理其性情，治其心術，崇其道德，以成教於内也。**是故仁以居之，義以行之，智以燭之，信以守之，禮以體之。匪禮勿履，匪義勿由，動必由道，言必由信。匪言而言，則厲階成焉；匪禮而動，則邪僻形焉〔一〕。閾以限言，玉以節動，禮以制心，道以制欲，養其德性，所以飭身，可不慎歟！**閾，音域。此理性情，治心術，崇道德之事也。燭，照也。體，以身體之也。履，踐也。勿者，禁止之辭。道，則日用事物當行之理。厲，禍。階，梯也。閾，門限也。言居仁由義，智以照私，言不失實，身體乎禮，以全五常之德。非禮勿踐，非義勿由，舉動必循乎道，發言必本於信。非禮之言而言之，則禍亂之階梯成焉；非禮之事而踐之，則己之邪僻見焉。古者言不踰閾，是閾以限言也；行則鳴佩玉，是玉以節動也；禮以裁其心，道以勝其欲。如此則可以養其德性，以修飭其身，不可不謹，以致丁寧告戒之意。**無損於性者，乃可以養德；無累於德者，乃可以成性。積過由小，害德爲大。故大厦傾頹，基址弗固也；己身不飭，德性有虧也。**七情之過，皆足以損性，惟存於中者澹然而無所汩，則其德日新矣；一事之微，皆可以累德，惟在於己者至公而無私，則其性渾然矣。夫人之積過雖甚小，而其害德則甚大，猶大厦傾危，其基址有不堅固；身不修飭，其德性有所虧損。**美璞無瑕，可爲至寶；貞女純德，可配京室。撿身制度，足爲母儀；勤儉不妒，足法閨閫。**璞，音朴。瑕，音遐。璞，未琢之玉也。瑕，玼也。配，匹也。京室，京師之室，詩所謂京室之婦是也。言美玉無有瑕玼，則可以爲至寶；貞女秉純粹之德，則可以爲京室之匹。能以法度撿束其身，則可以表儀於下；能勤儉而不妒忌，則可以示法於中。玼，音慈。**若夫驕盈嫉忌，肆意適情，以病其德性，斯亦無所取矣。古語云：「處身造宅，黼身建德。」詩云：「俾爾彌爾性，純嘏爾常矣。」**嘏，音假。驕，矜；盈，滿；害賢曰嫉；憎惡曰忌。四者女之醜德，而又加之以恣肆其心意，便適於情欲，是則所以害其德性也，何足取哉！古語，先民之言也。黼，繡斧於裳也。建，立也。黼身建德，猶揚雄所謂斧藻其德也。詩，大雅卷阿之篇。彌，終也。性，猶命也。嘏，福也。引詩以言有是德性，則可以常享福禄也。

校勘記

〔一〕則邪僻形焉　「形」字殘闕，據嘉靖本、楚府本、四庫本補。

修身章第二

或曰：「太任目不視惡色，耳不聽淫聲，口不出傲言。若是者，修身之道乎？」曰：

「然，古之道也。」夫目視惡色，則中眩焉；耳聽淫聲，則内褫焉；口出傲言，則驕心侈焉。是皆身之害也。眩，音縣。褫，音池。侈，音耻。或人問文王母太任之事爲修身之道，故然其言也。蓋非特太任也，古者婦人妊子，寢不側，坐不邊，立不蹕，不食邪味，割不正不食，席不正不坐；目不視邪色，耳不聽淫聲；夜則令瞽誦詩，道正事。如此則生子形容端正，才過人矣。淫聲，非禮之聲；傲言，非禮之言。眩者，目無常主也。褫，奪也。侈，泰也。夫淫聲惡色，皆足以惑人，有觸于外，必動其中，故必以是爲戒。夫言者，心之發也，矜慢在心，故其發於言也傲，言之傲，則其驕心侈泰可知。身之不修，此爲害矣。蹕，音必。

故婦人居必以正，所以防慝也；行必無陂，所以成德也。慝，音忒。陂，音祕。慝，穢也，邪也，隱惡也。陂，傾也。此承上文而言。婦人所居必以正，所以防禦邪慝，行無傾邪，所以成其德行者也。

是故五綵盛服，不足以爲身華；貞順率道，乃可以進婦德。不修其身，以爽厥德，斯爲邪矣。諺有之曰：「治穢養苗，無使莠驕，剗荆剪棘，無使塗塞。」是以修身所以成其德者也。莠，音酉。剗，音鏟。華，光華也。率，循也。爽，差也。諺，俗語也。穢，蕪也，一曰田中雜草也，一曰污也。莠，害苗草也。驕，盛貌。剗，削也。棘，木叢生多刺。塗，路也。以五綵繪繡而爲衣服，非不盛也，以人視之則可以爲光華，此特飾其外者耳。必也秉貞順之操以循乎道，然後可以進婦德，婦德進而後可以光華於身，則修身之效著矣。夫惟飾其外，而於其内者有所差爽，則不得其正矣。故引諺語以明之，以言乎必在於修身，乃可以成其德也。

夫身不修則德不

立，德不立而能成化於家者，蓋寡焉，而況於天下乎！天下之本在國，國之本在家，家之本在身。身不修，則己之德有所不立，不能成教化於一家，而況助君子以行教化於天下乎？言必不能也。是故婦人者，從人者也，夫婦之道，剛柔之義也。昔者明王之所以謹婚姻之始者，重似續之道也。家之隆替，國之廢興，於斯系焉。於乎！閨門之內，修身之教，其勖慎之哉！替，音涕。勖，音旭。似，嗣也。續，相連也。隆，豐大也。替，滅也。勖，勉也。婦有三從之道，在家從父，適人從夫，夫死從子，故曰婦人從人者也。剛柔者，陰陽之義也。天地合而後萬物興，陰陽和而後雨澤降，夫婦和而後家道成，故曰剛柔之義也。夫昏禮萬世之始，上以事宗廟，下以繼後世，關於家國者匪輕，故君子重之。然則處於閨門之內者，其可不加勉於修身之教哉！

慎言章第三

婦教有四，言居其一。心應萬事，匪言曷宣？言而中節，可以免悔。發不當理，禍必隨之。諺曰：「誾誾謇謇，匪石可轉；訿訿譞譞，烈火燎原。」又曰：「口如扃，言有恒；口如注，言無據。」甚矣！言之不可不慎也。中，去聲。當，去聲。誾，音銀。謇，肩上聲。訿，音紫。譞，音暄。燎，音料。四教者，古者婦人先嫁三月，教以婦德、婦言、婦容、婦功也。曷，何。宣，通。悔，恨也。誾誾，和悅而諍也。謇謇，直言貌。訿訿，謗毀也。譞譞，多言也。烈，火猛也。燎，放火也。

高平曰原。扃，關也。恒，常也。注，灌也。據，依也。此甚戒婦言之不可不謹也。先，去聲。**况婦人德性幽閒，言非所尚，多言多失，不如寡言。故書斥牝鷄之晨，詩有厲階之刺，禮嚴出梱之戒。善於自持者，必於此而加慎焉，庶乎其可也。**斥，音尺。牝，貧上聲。刺，音次。梱，坤上聲。寡，少。斥，指斥也。牝，母。梱，門限也。庶，近也。言婦人不尚多言，多言則必致多失，不如言之少也。書牧誓曰：「牝鷄之晨，惟家之索。」詩瞻卬篇曰：「婦有長舌，維厲之階。」禮記曲禮曰：「外言不入於梱，内言不出於梱。」是皆多言之戒也。婦人善持其身者，苟能視此以爲警焉，則庶幾可以無多言之失也。卬，音仰。**然則慎之有道乎？曰：「有，學南宮縚可也。」**縚，音叨。南宮縚，孔子弟子南容也，居南宮，又名适，字子容。大雅抑之詩曰：「白圭之玷，尚可磨也；斯言之玷，不可爲也。」南容一日三復此言，蓋深能謹於言也。此承上文言慎言有道乎，故曰有，當學南容之謹言可也。**夫緘口内修，重諾無尤。寧其心，定其志，和其氣。守之以仁厚，持之以莊敬，質之以信義。一語一默，從容中道，以合乎坤静之體，則讒慝不作，家道雍穆矣。**緘，音監。諾，囊入聲。讒[一]，音巉。緘，封。諾，應。尤，過也。寧，安也。讒，譖也。言緘口以修其德於内，雖一諾不敢以輕，則可以無過。夫心寧則言不躁，志定則言不剽，氣和則言不暴，仁厚則言温純，莊敬則言恪重，信義則言惇實。一語默之間，從容不迫，吻合乎坤静之體，則讒邪之言無自而興，則家道極其和矣。剽，飄去聲。吻，文上聲。**故女不矜色，其行在德，無鹽雖陋，言用於齊而國安。孔子曰：「有德者**

必有言，有言者不必有德。」矜，驕矜也。無鹽，齊之醜女，以言諷宣王。宣王用其言，停漸臺，罷女樂，退諂諛，去雕琢，闢公門，招直言，延側陋。立無鹽爲后，齊國大安，事見新序。此所謂女不矜色，而所行惟在於德也。故引孔子之言以美之，以見和順積中，英華發外，則徒能言者未必有德也。漸，平聲。

校勘記

〔一〕讒 「讒」字殘闕，據嘉靖本、楚府本、四庫本補。

謹行章第四

甚哉！婦人之行，不可以不謹也。自是者其行專，自矜者其行危，自欺者其行矯以污，行專則綱常廢，行危則嫉戾興，行矯以污則人道絶，有一於此，鮮克終也。甚哉者，嗟歎之深也。專，專制也。危，隤也。自欺云者，知其行之當謹而不能謹也。矯，詐；污，薉也。綱，謂三綱，君爲臣綱、父爲子綱、夫爲妻綱。常，謂五常，仁、義、禮、智、信也。嫉戾，惡狠也。人道絶，則綱常蕩滅矣。克，能也。是數者，婦人之行所當謹者也〔一〕，然或有一於此〔二〕，則其能有終者少也。故篇首深致嗟歎之辭，其所以警發者至矣。薉穢同，隤頹同。**夫干霄之木，本之深也；凌雲之臺，基之**

厚也；婦有令譽，行之純也。本深在乎栽培，基厚在乎積累，行純在乎自力。不爲純行，則戚疏離焉，長幼紊焉，貴賤殽焉。是故欲成其大，當謹其微。縱於毫末，本大不伐；昧於冥冥，神鑒孔明；百行一虧，終累全德。紊，音問。霄，雲霄也。本，根也。凌，越也。令譽，善稱也。純，不雜也。培，壅也。基，址也。積累者，聚積而增累之也。力，猶力穡之力，用力勉强之義。戚，親也。疏，遠也。紊，亂也。殽，雜錯也。大者，德行是也。微者，一舉動之微也。伐，斬伐也。昧，晦。冥冥，幽暗也。鑒，照孔，甚也。虧，缺也。全德，即純行也。以木與臺之高大，必本於栽培積累之所致，以喻乎女子之行，亦必在於真積力久而後純。夫不能自立，以喪其行，則親疏之屬相去而不附，長幼之序紊亂而無別，貴賤之等殽雜而無紀。欲成其大者，則於甚細微之事，尤當致謹，然或忽於毫末之微而不加謹，則終大而莫伐，猶傳所謂「毫末不紮，將尋斧柯」是也。蓋冥冥之中，有昭昭者存，苟謂幽暗之處而無所見，則神之鑒照甚明，豈可忽哉？然或百行之中有一虧焉，則終有累於全德也。穡，音色。**體柔順，率貞潔，服三從之訓，謹内外之别，勉之敬之，終始惟一。由是可以修家政，可以和上下，可以睦姻戚，而動無不協矣。易曰：「恒其德，貞，婦人吉。」此之謂也。**協，音叶。三從，説見前篇。協，和也。自體柔順至始終惟一，此皆謹行之本也。下極言其效，故引易恒卦之言以結之。夫以順從爲恒者，婦人之道，在婦人則爲貞，故吉也。

校勘記

〔一〕婦人之行所當謹者也　「謹」字殘闕，據嘉靖本、楚府本、四庫本補。

〔二〕然或有一於此　「或」字殘闕，據嘉靖本、楚府本、四庫本補。

勤勵章第五

怠惰恣肆，身之殃也；勤勵不息，身之德也。是故農勤於耕，士勤於學，女勤於工。農惰則五穀不獲，士惰則學問不成，女惰則機杼空乏。恣，資去聲。殃，音央。勵，音例。獲，黄入聲。空，去聲。乏，凡入聲。怠，懈倦也。惰，不敬也。恣，縱也。肆，放也。殃，禍也。勤，勤勞也。勵，勉力也。不息，無已也。五穀，禾、麻、粟、麥、豆也。刈穀曰獲。機杼，織具也。空，窮。乏，匱也。天下之事，未有怠惰而能有成也，此特舉士農而爲言者，所以切曉於人也，以見婦人内助其君子，其可頃刻而忘勤勵哉？**古者后妃親蠶，躬以率下，庶士之妻，皆衣其夫，效績有制，愆則有辟。夫治絲執麻，以供衣服，冪酒漿，具菹醢，以供祭祀，女之職也。不勤其事，以廢其功，何以辭辟？**衣，去聲。辟，音僻。冪，音覓。菹，臻魚切。醢，音海。祭統曰：「王后蠶於北郊，以共純服。」蓋后妃親蠶，其來尚矣。躬以率下者，以身先之也。庶士，衆士也。衣，服之也。績，功。愆，過也。辟，法也。冪，覆也。漿，酢也。菹，酢菜也。醢，肉醬也。此引禮記、國語之言，互相發明，以見女職之不可懈也，苟爲怠其事以廢其功，則亦何以免於先王之法哉？純，音緇。酢，音昨，又音措。**夫早作晚休，可以無憂；縷積不息，可以成匹。戒之哉！毋荒寧。荒寧者，劌身之廉刃也，雖不見其鋒，陰爲其所戕矣。詩云：「婦無公事，休其蠶織。」此怠惰之慝也。**縷，音呂。劌，姑衛切。戕，音墻。休，息止也。縷，綫也。四丈爲匹。劌，割也。廉刃，廉銛之刃也。鋒，兵耑也。戕者，卒然而傷之也。詩，大雅瞻卬之篇。公事，朝廷之事。蠶織，婦人之業。言夙興而夜息，則用力勤而可以無怠惰之憂，一縷而積，久則可以成匹，然則豈可不勤哉？甚戒荒寧之不可也，荒寧之戕身，雖不可見其鋒刃，然闇爲其所傷矣。故引詩言，婦人本無公事，豈可舍其職業而成怠惰之慝哉？警戒之意深矣。綫線同。銛，音纖。耑端同。闇暗同[一]。**於乎！貧賤不怠惰者易，富貴不怠惰者難，當勉其難，毋忽其易。**於乎，歎辭也。人之處富貴，則必安於驕逸，其能不怠惰者鮮矣。蓋貧賤而不怠惰，則順而易；富貴而不怠惰，則逆而難。然亦有處貧賤而慵惰者，故又警之曰：「當勉其難，毋忽其易。」

校勘記

[一] 闇暗同　「闇」字殘闕，據嘉靖本、楚府本、四庫本補。

警戒章第六

婦人之德，莫大乎端己，端己之要，莫重乎警戒。居富貴也，而恒懼乎驕盈；居貧賤也，而恒懼乎放失；居安寧也，而恒懼乎患難。奉巵於手，若將傾焉；擇地而旋，若將陷焉。巵，音支。陷，咸去聲。端己，正身也。要，約也。警，言之戒也。放失，肆縱也。巵，酒器。旋，周旋。陷，隤没也。人之平居，鮮有無事而預爲警戒者，其心怠忽則百弊乘隙而生，及心有所寤而欲戒焉，徒然莫追矣。故言婦人之德，莫大乎端己，端己之要，莫重乎警戒也。苟能常存乎敬畏，奉巵于手，若將傾覆焉，擇地而旋，若將墜陷焉，兢兢業業，推類而盡之，不忘乎警戒，則必無所失矣。夫巵，器之小者，奉之則甚易，宜無所傾覆，而常若傾焉；擇地而旋，則舉動之間，詳審周密，宜無所隤陷，而常若陷焉，警戒之道至矣。**故一念之微，獨處之際，不可不慎。謂無有見乎，能隱於天乎？謂無有知乎，不欺於心乎？**一念之微，人所不知也，獨處之際，人所不見也，故易生怠忽，不可不謹。然人雖不知不見，其能隱於天而欺於心乎？天即理也，不違於理，無歉於心，故可與言警戒矣。歉，苦簟切。**故肅然警惕，恒存乎矩度；湛然純一，不干於非僻。舉動之際，如對舅姑；閨房之間，如臨師保。**湛，讒去聲。惕，他歷切。肅，敬也，戒也。惕，憂懼也。矩，爲方之器〔一〕。度，法制也。度有五，分、寸、尺、丈、引也。湛然〔二〕，澄徹也。純一，不雜不二也。言心體之明而無所汩撓也。

干，犯也。僻，邪也。不干於非僻，言不犯於非禮也。舅姑，夫之父母也，尊親同於己之父母，不敢不敬，一舉動之際，若對於舅姑，則毋敢有忽也。師，女師。保，保其身體者也。闉房，至深密之處。常若師保臨之在傍，自不容於惰慢，而益有所警畏矣。汩，音骨。撓，女巧切。**不惰於冥冥，不矯於昭昭。行之以誠，持之以久，隱顯不貳。由是德宜於家族，行通於神明，而百福咸臻矣。**隱，暗處也。顯，明也。宜者，和順之意。家，一家。族，三族，父族、母族、夫族也。臻，至也。常人之情，忽於幽暗，而欲矯飾於白日，隱顯一致，非至誠無息者不能。婦人能以誠自守，仰不愧，俯不怍，則德非但宜於一家，又宜於三族。行通於神明，而百順之福自然至矣。怍，音昨。**夫念慮有常，動則無過，思患預防，所以遠禍。不然，一息不戒，灾害攸萃，累德終身，悔何追矣。**預，音譽。攸，所。萃，聚也。警戒常存乎念慮，是以動無過失。未患而先思所以防之，禍焉從生？苟一息之頃而不戒，則灾害所萃，終身有累於德，雖欲改悔，無所及矣。**是故鑒古之失，吾則得焉；惕厲未形，吾何尤焉。詩曰：「相在爾室，尚不愧於屋漏。」禮曰：「戒慎乎其所不睹，恐懼乎其所不聞。」此之謂也。**睹，都上聲。厲，危也。形，現也。尤，罪也。鑒視古人之失而省己之失，則吾身之德日修，是吾之所得焉；事雖未形而常兢惕若處危地，則吾身何有於罪焉。詩，大雅抑之篇；相，視也；尚，庶幾也；屋漏，室西南隅也，言獨居於室之時，亦當庶幾不愧於屋漏，然後可爾。復引禮記中庸篇之言以結之，言常存敬畏，雖不見聞，亦不敢忽，所以示警戒之意深矣。

校勘記

〔一〕爲方之器　「爲」字殘闕，據嘉靖本、楚府本、四庫本補。

〔二〕湛然　「湛」字殘闕，據嘉靖本、楚府本、四庫本補。

節儉章第七

戒奢者，必先於節儉也。夫澹素養性，奢靡伐德，人率知之，而取舍不決焉，何也？志不能帥氣，理不足御情，是以覆敗者多矣。節，撙節也。易所謂「節以制度」是也。儉，約也。澹素，澹泊而質素也。奢靡，奢麗也。伐，敗也。率，皆也。決，斷也。志者，氣之將帥。理者，情之羈勒。言人皆知儉素可以養性，奢侈足以敗德，而不能斷決於取舍之間，由其志無所守，而私勝於公，所以顛覆敗亡者多矣。撙，尊上聲。**傳曰：「儉者，聖人之寶也。」又曰：「儉，德之共也；侈，惡之大也。」若夫一縷之帛，出工女之勤；一粒之食，出農夫之勞。致之非易，而用之不節，暴殄天物，無所顧惜，上率下承，靡然一軌，孰勝其敝哉！**殄，田上聲。軌，音詭。勝，平聲。傳，謂古書。子華子曰：「夫儉，聖人之寶也，所以御世之具也。」言聖人不寶金玉而寶節儉也。春秋莊公二十四年春，刻桓宮桷，御孫諫曰：「臣聞之，儉，德之共也；侈，惡之大也。」共，恭也，一説共也，謂與天下共行此德也。侈，奢侈也。暴，疾也。殄，絶也。率，行也。承，奉也。靡，隨順也。軌，車轍也。勝，堪也。敝，敗壞也。言天下之物，皆出於農夫工女之勤勞，用之無節，暴殄天物，奢侈相承，上行下效，隨順一律，則亦何以勝其敝哉！**夫錦繡華麗，不如布帛之温也；奇羞美味，不若糲粢之飽也。且五色壞目，五味昏智，飲清茹淡，祛疾延齡。得失損益，判然懸絶矣。**糲，音辣。粢，音資。茹，如去聲。祛，去平聲。齡，音零。羞，膳之美者也。脱粟曰糲。糲粢，黍稷之粗者也。五色亂目，則目不明；五味亂口，則智益昏。茹，食也。祛，却之也。齡，年也。甚言淡薄之有益於人也。判然，斷然也。懸絶，謂相去遼遠也。**古之賢妃哲后，深戒乎此。故絺綌無斁，見羨於周詩；大練粗疏，垂光於漢史。敦廉儉之風，絶侈麗之費，天下從化，是以海内殷富，閭閻足給焉。**絺，音笞。綌，音隙。斁，音亦。絺綌，葛布也，精曰絺，粗曰綌。斁，厭也。周南葛覃之詩曰：「爲絺爲綌，服之無斁。」言文王后妃躬治葛爲布，而服之無有厭斁也。大練，粗繒也。後漢明德皇后常衣大練，裙不加緣，朔望諸姬主朝請，望見后袍疏粗，反以爲綺縠，就視乃笑，后曰：「此繒特宜染色，故用之耳。」六宫莫不歎息。是以節儉之化行，而四海之内富盛，閭里之間豐足。繒，慈陵切。緣，去聲。縠，音斛。**蓋上以導下，内以表外，故后必敦節儉以率六宫，諸侯之夫人，以至士庶人之妻，皆敦節儉以率其家，然後民無凍餒，禮義可興，風化可紀矣。**餒，弩罪切。導，猶引導，謂先之也。表，猶明也。敦，厚也。率，先也。餒，飢也。紀，理也，極也。言上下之間各敦乎節儉，則治化之效必臻其極矣。**或有問者曰：「節儉有禮乎？」曰：「禮，與其奢也，寧儉。」然有可約者焉？有可腆者焉？是故處己不可不儉，事親不可不豐。**腆，他典切。約，儉也。腆，厚也。此引孔子之言以答或人之問。又恐其一於儉而無等差，故終之曰：「處己宜儉，事親必豐。」

積善章第八

吉凶灾祥，匪由天作，善惡之應，各以其類，善德攸積，天降陰騭。昔者成周之先，世累忠厚，暨于文武，伐暴救民，又有聖母賢妃，善德内助，故上天陰騭，福慶悠長。騭，音質。騭，定也。暨，及也。言爲善而獲吉祥，爲惡而召凶灾，匪天之降是於人也，而實各以類應。人惟行善，而所積既久，則天命降鑒，陰定于上。周自后稷始封于邰，十世至太王，十二世而文王始受天命，十三世至武王，伐紂救民，遂爲天子。聖母賢妃，蓋指太任、太姒、邑姜也。聖賢之君繼作，而又有聖母賢妃以善德而助於内，故上天陰騭，使周家福慶悠久而綿遠也。**我國家世積厚德，天命攸集，我太祖高皇帝，順天應人，除殘削暴，救民水火，孝慈高皇后，好生大德，助勤於内。故上天陰騭，奄有天下，生民用乂，天之陰騭，不爽於德，昭若明鑒。夫享福禄之報者，由積善之慶，婦人内助於國家，豈可以不積善哉！**奄，大也。乂，安也。言天之所以陰騭于上者，由人之德所感召，故無所差爽。天之鑒照甚明，而享福禄之慶者，皆由於積善之所致也。此序國家受命隆興，與成周同一積善之慶也。古語云：「積德成王，積怨成亡。」荀子曰：「積土成山，風雨興焉；積水成淵，蛟龍生焉；積善成德，神明自得。」自后妃至于士庶人之妻，其必勉於積善，以成內助之美。此引古語與荀卿之言，以見積善之不可已也如此。婦人善德，柔順貞静，温良莊敬。樂乎和平，無忿戾也；存乎寬弘，無忌嫉也；敦乎仁慈，無殘害也；執禮秉義，無縱越也；祗率先訓，無愆違也。不厲人適己，不以欲戕物。以是而內助焉，積而不已，福禄萃焉。易曰：「積善之家，必有餘慶。」書曰：「作善，降之百祥。」此之謂也。祗，音支。愆，丘虔切。柔順貞静者，柔順利貞，以合乎坤静之德。温，和厚也。良，易直也。莊敬，誠一之至也。婦人善德，無過於此矣。乖戾，背違也。弘，大也。秉，執也。縱，放。越，度也。祗，敬率。遵先訓，先代之訓言也。愆，過。違，背也。厲，虐害也。適，便也。欲，私欲也。戕物，殘傷於物也。萃，聚也。言婦人能全是數者之善，而行之無所違，則積善之福必源源而至矣。故引易、書之言以終之，以見天下之事未有不由積而成。家之所積者善，則福慶及於子孫，善必積而後成，惡雖小而可畏，丁寧申戒之意切矣。

遷善章第九

人非上智，其孰無過？過而能知，可以爲明；知而能改，可以跂聖。小過不改，大惡形焉；小善能遷，大善成焉。跂，與企同，音棄。孰，誰也。跂，舉足也。言人非上智之資，其誰無過乎？然能知其過，則謂之明。知過而能改，則可以跂望於聖人。然人每吝於改小過，小過不改，終成大惡。苟能知小善之可爲，而徙過以從善，則大善由茲而立矣，蓋積小可以成大也。夫婦人之過無他，惰慢也，嫉妒也，邪僻也。惰慢則驕，孝敬衰焉；嫉妒則刻，灾害興焉；邪僻則佚，節義頹焉。是數者，皆德之弊而身之殃，或有一焉，必去之如蟊螣，遠之如蜂蠆。蜂蠆不遠則螫身，蟊螣不去則傷稼，已過不改則累德。蟊，音矛。螣，音特。蠆，柴去聲。螫，音釋。稼，音架。佚，音逸。頹，徒回切。惰慢者，無所敬畏也。嫉妒者，專於忌媢也。邪僻者，邪侈放僻也。驕者，矜高。刻者，慘覈。降於天者曰灾，作於人者曰害。佚，蕩佚也。頹，墜也。蟊螣，害苗蟲也，食根曰蟊，食葉曰螣。蜂蠆，皆毒蟲，其芒在尾。螫，毒也。禾之秀實曰稼。言婦人於是數者之過，或有一焉，皆足以喪德而敗身，必當遠去之，毋使累其德也。覈，音核。若夫以惡小而爲之無恤，則必敗；以善小而忽之不爲，則必覆。能行小善，大善攸基；戒於小惡，終無大戾。故諺有之曰：「屋漏遷居，路紆改途。」傳曰：「人誰無過？過而能改，善莫大焉。」恤，憂也。覆，傾覆也。居，處也。紆，縈曲也。言人以一事之惡爲小而爲之，無所憂恤，雖未即至于敗，然有敗之道存焉，何則？今日爲一小惡，明日又爲一小惡，積之之久，則小者成大，烏有不敗？人以一事之善爲小而不爲，雖未便至于覆，然有覆之理係焉，何則？今日舍一小善而不爲，明日又舍一小善而不爲，則是終無一善，焉得不覆？故曰：「能行小善，大善攸基；戒於小惡，終無大戾。」又引俗語以明人有過則當改，猶屋之敝漏則必遷其處，路之紆枉則必由其直也。春秋晉靈公殺宰夫，士會諫之，公曰：「吾知過矣。」士會曰：「人誰無過？過而能改，善莫大焉。」事見宣公二年。

崇聖訓章第十

自古國家肇基，皆有內助之德，垂範後世。夏商之初，塗山有莘，皆明教訓之功；成周之興，文王后妃，克廣關雎之化。肇，音兆。範，音范。肇，始也。範，法也。關雎，國風周南，詩之首篇也。禹娶塗山氏長女爲妃，獨明教訓而致其化焉。湯娶有莘氏之女爲妃，亦明教訓而致其功焉。文王娶聖女姒氏爲妃，則關雎之化行，而仁厚之德廣。是皆內助而肇興國家者也。我太祖高皇帝受命而興，孝慈高皇后內助之功，至隆至盛。蓋以明聖之資，秉貞仁之德，博古今之務。艱難之初，則同勤開創；平治之際，則弘基風化。表壼範於六宮，著母儀於天下。驗之往哲，允莫與京。譬之日月，天下仰其高明；譬之滄海，江河趨其浩博。然史傳所載，什裁一二，而微言奧義，若南金焉，銖兩可寶也；若穀粟焉，一日不可無也，貫徹上下，包括鉅細，誠道德之至要，而福慶之大本矣。壼，音閫。博，普遍也。壼範，宮中模範也。往哲，往古明哲之后也。允，信也。京，大也。趨，歸往也。浩博，廣大也。什，猶軍法以十人爲什也，裁之爲言僅也。奥，深奥也。南金，荆揚之金也。銖兩者，十黍爲絫，十絫爲銖，二十四銖爲兩也。貫徹，通達也。包括，包舉而無遺也。此序太祖高皇帝龍興，而孝慈高皇后備如是高明廣大之德，肅成內助，而往古賢后，誠莫能同其大也。嘉謨聖訓，精微深奥，至貴至重，切於日用。語其指要，則貫徹乎上下；語其浩博，則包括乎鉅細，誠爲道德之極至，而福慶之本源咸由於斯矣。絫，音累。**后遵之，則可以配至尊，奉宗廟，化天下，衍慶源；諸侯大夫之夫人與士庶人之妻遵之，則可以內佐君子，長保富貴，利安家室，而垂慶後人矣。詩云：「太姒嗣徽音，則百斯男。」敬之哉！敬之哉！**徽，音暉。遵，循也。配，對也。至尊者，君也。奉，承也。衍，延也。慶源，福慶之本源也。佐，助也。詩，大雅思齊之篇。太姒，文王之妃也。嗣，續也。徽，美也。百男，舉成數而言其多也。此言高皇后大德懿訓，后能循而行之，則可以配于天子，奉承宗廟，教化天下，以廣延其福慶之源，下至於士庶人之妻，莫不皆然。又引詩言太姒能繼太任美德之音，而子孫衆多也。重言敬之哉者，以明聖訓之不可以忘，故致丁寧之意也。

景賢範章第十一

詩書所載，賢妃貞女，德懿行備，師表後世，皆可法也。夫女無姆教，則婉娩何從？不親書史，則往行奚考？稽往行，質前言，模而則之，則德行成焉。姆，音茂。婉，音宛。娩，音晚。懿，美也。備，具也。姆，女師也。婉，謂言語。娩，謂容貌。司馬温公云柔順貌。從，由也。奚，何也。稽，考也。往行，往哲所行之行也。質，證也。前言，前代所訓之言也。模，規模。則，法也。詩首關雎，書美釐降，觀古昔所稱頌者，皆由其德行純美，故可以爲天下後世法。言女子必有姆教，然後能成婉娩之德；必親書史，然後知古人行事之實。否則無以成其德以考其業也。故必求法於古，則已之德行，乃可以成焉。**夫明鏡可以鑒妍媸，權衡可以擬輕重，尺度可以測長短，往轍可以軌新跡。希聖者昌，踵弊者亡。**妍，音言。媸，音笞。轍，音徹。妍，美也。媸，醜也。權，稱錘也。衡，平也。擬，準擬也。尺度，説見前。測，度也。轍，車輪所輾之跡也。軌，法也。希，望也。踵，躡也。錘，音椎。度，入聲。輾，音碾。踵，音腫。躡，音聶。**是故修恭儉莫盛於皇英，求貞順莫備於太姜，效誠莊莫隆於太任，行孝敬莫純於太姒。儀式刑之，齊之則聖，下之則賢，否亦不失於從善。**皇英，堯之二女娥皇、女英也，以天子之女而事舜於畎畝之中，謙謙恭儉，思盡婦道。太姜者，太王之妃也，貞順率道，而靡有過失。太任之性，端一誠莊，惟德之行。太姒仁明有德，貴而能勤，富而能儉，已長而敬不弛於師傅，已嫁而孝不衰於父母。是數妃者，聖德全備，特各舉其一二言之，可以互見，非爲有於此而不足於彼也。儀、式、刑，皆法也，言能取法於此，齊之則可以至於聖，下之則可以及於賢，有所不至，亦不失於爲善。**夫珠玉非寶，淑聖爲寶，令德不虧，室家是宜。詩云：「高山仰止，景行行止。」其謂是歟！**淑，善也。聖，通明也。令，亦善也。詩，小雅車舝之篇。仰，望也。景行，大道也。言婦人不以珠玉爲寶，而以淑聖爲寶。苟令善之德無所虧缺，則可以宜其室家矣。故引詩以結之，以言高山則可仰，景行則可行，然則内助於國家者，其可以忘景仰前人之法也哉！䡓，音轄。

事父母章第十二

孝敬者，事親之本也。養非難也，敬爲難，以飲食供奉爲孝，斯末矣。孔子曰：「孝者，人道之至德。」夫通于神明，感于四海，孝之致也。善事父母之謂孝，洞洞屬屬之謂敬。言婦人之事親，以孝敬爲本，不以飲食供奉爲難也。論語曰：「有酒食，先生饌，曾是以爲孝乎？」正此意也。此引孔子之言，事見亢倉子〔一〕。所謂人道之至德，無以復加於孝乎？通達于神明，感動于四海，孝之所致也。然則孝敬行於一身，而感通之大也如此，其可忽乎？亢，音庚。**昔者虞舜善事其親，終身而慕；文王善事其親，色憂滿容。或曰：「此聖人之孝也，非婦人之所宜也。」是不然。孝弟，天性也，豈有間於男女乎？事親者，以聖人爲至。**虞，氏，舜，名，書稱其「克諧以孝」，又曰「祇載見瞽瞍，夔夔齊慄」。孟子曰：「大孝終身慕父母，五十而慕者，予於大舜見之矣。」文王之爲世子，朝於王季日三，至於寢門外，問内豎曰：「今日安否何如？」内豎曰：「安。」文王乃喜。其有不安節，内豎以告文王，文王色憂，行不能正履，王季復膳，然後亦復初。此舉二聖人之孝以爲訓，或者以爲非婦人之所宜，蓋孝弟本乎天性，故無間於男女，事親者必以聖人之道而爲極至。豎，音樹。

若夫以聲音笑貌爲樂者，不善事其親者也；誠孝愛敬無所違者，斯善事其親者也。縣衾斂簟，節文之末；紉箴補綴，帥事之微。必也恪勤朝夕，無怠逆於所命。祇敬尤嚴於杖屨，旨甘必謹於餕餘，而況大於此者乎！是故不辱其身，不違其親，斯事親之大者也。

縣，音懸。衾，音欽。簟，添去聲。紉，音銀。箴，與針同。綴，音拙，一音惴。帥，音率。恪，康入聲。屨，音句。餕，音俊。衾，被也。簟，竹席也。紉，郭璞云：「以綫貫箴也。」綴，聯綴也。帥，與率同，循也。恪，敬也。屨，履也。食餘曰餕，禮曰：「父母在，朝夕恒食，子婦佐餕，既食恒餕。父歿母存，冢子御食，群子婦佐餕如初。旨甘滑，孺子餕。」夫聲音笑貌皆可以僞爲之，而以爲足以事其親，則未也。惟誠孝愛敬之發於心，無所背於理者，則可謂善事其親矣。若夫謹於事爲之末節，以此而爲孝，亦未也。必也能盡其誠敬，無怠逆於父母之命，斯可矣。雖杖屨與飲食之餕餘，尤加敬謹，矧有大於此者而可以不敬乎？夫身者，親之遺體也，不辱其身，是不辱其親也，豈非事親之大者乎？

夫自幼而笄，既笄而有室家之望焉，推事父母之道於舅姑，無以復加損矣。故仁人之事親也，不以既貴而移其孝，不以既富而改其心，故曰：「事親如事天。」又曰：「孝莫大於寧親。」可不敬乎！詩云：「害澣害否，歸寧父母。」此后妃之謂也。

笄，音雞。害，音曷。澣，音浣。笄，簪也。女子十年姆教，十五而笄，既笄，則許嫁而有室家之責，推事父母之道以事舅姑，同一道矣。惟仁人之事其親終始如一，不以富貴而有所改移也，家語云：「事親如事天。」天者，至尊無對，惟親可擬。揚子曰：「孝莫大於寧親。」寧者，安其親之心也。心有所不安，是貽其親之憂也，其可忽乎？詩，周南葛覃之篇。害，何也。澣，濯其衣也。寧，安也。言何者當澣，而何者可以未澣乎？我將服之以歸寧于父母矣。此文王后妃既富貴而孝不衰於父母也如此，故以是終焉。簪，緇岑切。貽，音怡。

校勘記

〔一〕事見亢倉子　此事不見亢倉子，其出論語爲政篇。

事君章第十三

婦人之事君，比昵左右，難制而易惑，難抑而易驕。然則有道乎？曰：「有。」忠誠以爲本，禮義以爲防，勤儉以率下，慈和以處衆。誦詩讀書，不忘規諫；寢興夙夜，惟職愛君。昵，尼入聲。比，密也。昵，日相近也。正君曰規；分別善惡以陳於君曰諫。寢，息也。興，起。夙，早也。職，主也。言婦人日切近於君之左右，難禁制而易眩惑，難遏抑而易驕縱。婦人事君之道，以忠誠而爲根本，以禮義而爲堤防。躬行勤儉，以表率於下；慈仁温和，以安處於衆。詩以理性情，書以道政事，誦詩書之言，不違規諫。寢興夙夜之間，惟主於愛君而已，不可頃刻而忘乎正也。**居處有常，服食有節；言語有章，戒謹讒慝。中饋是專，外事不涉；謹辨内外，教令不出；遠離**

邪僻，威儀是力。毋擅寵而怙恩，毋干政而撓法。擅寵則驕，怙恩則妒，干政則乖，撓法則亂。諺云：「汩水淖泥，破家妒妻。」擅，音膳。淖，音鬧。不爲宴遊逸樂，則居處有常矣；不窮嗜欲華靡，則服食有節矣；不道非禮之言，則言語有章矣。讒，譖也。慝，邪也。饋，食也，婦人居中而主饋者也，故云中饋，易曰：「無攸遂，在中饋，貞吉。」詩曰：「無非無儀，惟酒食是議。」外事不涉者，言不與外事也，男不言内，女不言外是也。謹辨内外者，禮始於謹夫婦，爲宫室，辨外内，男子居外，女子居内。深宫固門，閽寺守之，男不入，女不出。教令不出者，言教令不出於閨門也。遠離邪僻者，不犯于非禮也。威儀者，德之見乎外者也。力，用力以修其威儀也。擅，專也。寵，愛也。怙，恃也。干，預也。撓，擾也。乖，戾也。汩，濁也。淖，亦泥也。言水之濁也，淖泥汩之；家之破也，妒妻敗之。夫婦人之事君，能謹守禮法，遵是數者而行之，則未有不善也。**夫不驕不妒，身之福也。詩云：「樂只君子，福履綏之。」夫安命守分，僭瀆不生。詩云：「夙夜在公，寔命不同。」是故姜后脱珥，載籍攸賢；班姬辭輦，古今稱譽。**綏，音雖。僭，子念切。瀆，音讀。珥，音耳。輦，連上聲。詩，周南樛木之篇。履，禄也。綏，安也。此詩美后妃無嫉妒之心，故樂其德而願其安享福禄也。命者，天所賦之分也。僭，侵也。瀆，濆慢也。言安其命而守其分，則侵慢之事不生矣。詩，召南小星之篇，此詩南國夫人承后妃之化，能不妒忌，以惠其下，故其衆妾美之如此。蓋衆妾進御於君，不敢當夕，遂言其所以如此者，由其所賦之分不同於貴者，深以得御於君爲夫人之惠，無敢致怨於往來之勤也。此兩引詩，以言事君者無嫉妒之行，則必獲福禄，安其命分，則必無怨惡。姜后，周宣王之后姜氏。珥，耳璫也。宣王常晏起，后脱簪珥，待罪永巷，使傅母言於王曰：「妾不才，使君王失禮晏朝，以見君王樂色而忘德也。夫苟樂色，必好奢窮欲，亂之所興也。原亂之興，從婢子始，敢請婢子之罪。」王曰：「寡人不德，寔自生過，非夫人之罪也。」遂勤於政事，卒成中興之業，君子謂姜后爲能事君也。班姬者，漢孝成皇帝之婕妤也，成帝遊後庭，嘗欲與同輦，辭曰：「觀古圖畫賢聖之君，皆有名臣在側，三代末主，乃有女嬖，今欲同輦，得無似之乎？」帝善其言而止。又引姜后、班姬之事，以爲事君之法也。繆，居尤切。我國家隆盛，孝慈高皇后事我太祖高皇帝，輔成鴻業，居富貴而不驕，職内道而益謹，兢兢業業，不忘夙夜，德蓋前古，垂訓萬世，化行天下。詩云：「思齊太任，文王之母，思媚周姜，京室之婦。」此之謂也。媚，明祕切。詩，大雅思齊之篇。思，語辭。齊，莊。媚，愛也。此序孝慈高皇后之盡道以事太祖高皇帝，亘萬古而莫並，是以垂法於天下萬世而無窮。復引詩以詠歎之，其旨深矣。亘，居鄧切。縱觀往古，國家興廢，未有不由於婦之賢否也，事君者不可不慎。詩云：「夙夜匪解，以事一人。」詩，大雅烝民之篇。解，怠也。一人，謂君也。歷觀古昔成敗，其原皆本於婦人。夏之興也以塗山，而其亡也以妺喜；殷之興也以有莘，而其滅也以妲己；周之興也以太任、太姒，而其衰也以褒姒。以此而言，事君者不可不慎，故引詩以結之，丁寧告戒之意切矣。妺，音末。妲，音怛。苟不能胥匡以道，則必自荒厥德，若網之無綱，衆目難舉，上無所毗，下無所法，則淪胥之漸矣。夫木瘁者，内蠹攻之；政荒者，内嬖蠱之。女寵之戒，甚於防敵。詩云：「**赫赫宗周，褒姒威之。**」可不鑒哉！毗，音琵；瘁，音萃。蠹，都故切。嬖，音臂。威，呼决切。胥，相。匡，正也。荒，荒迷也。毗，輔。淪，陷也，没也。瘁，病也。蠹，木中蟲也。攻，伐也。嬖，便嬖左右近習者也。蠱，腹中蟲，亦曰惑也。詩，小雅正月之篇。宗周，鎬京也。褒姒，幽王之嬖妾，褒國女，姒姓也。威，亦滅也。言婦人之事君，苟不能相正以道，必自荒迷其德，猶網無綱，則衆目不舉。是以在上者無以爲之輔，在下者無所以取法，是則漸至於淪没矣。夫木之凋瘁者，蠹以攻其内；政事之荒失者，嬖以惑其中。故曰「女寵之戒，甚於防敵」，蓋拒之欲堅，而守之欲固也。又引詩以見赫赫然之宗周，而一褒姒足以滅之，蓋深以爲鑒矣。鎬，音昊。**夫上下之分，尊卑之等也；夫婦之道，陰陽之義也。諸侯大夫及士庶人之妻，能推是道，以事其君子，則家道鮮有不盛矣。**在上者尊，君之謂也；在下者卑，妾婦之謂也。上下有一定之分，尊卑有不易之等，不敢有一毫之陵越也。夫易始乾坤，則男女之道著，故曰「夫婦之道，陰陽之義也」。婦人之事君者能盡其道，則國家之隆盛，不言可知。若夫諸侯、大夫及士庶人之妻，能推是道以事其君子，則家道有不盛者，未之有也。

事舅姑章第十四

婦人既嫁，致孝於舅姑。舅姑者，親同於父母，尊儗於天地。善事者，在致敬，致敬則嚴；在致愛，致愛則順。專心竭誠，毋敢有怠，此孝之大節也，衣服飲食其次矣。儗、擬同。

在家則孝于父母，既嫁則孝于舅姑。舅姑之親，同於父母也；舅姑之尊，比於天地也。孝之之道，在於善事之而已。善事者，在於致敬而已，敬則嚴，嚴則不苟；在於致愛而已，愛則順，順則不逆。專一其心，竭盡其誠，禁止其怠慢，此孝之大目也。若夫以衣服、飲食、奉養爲孝，抑又其次矣。**故極甘旨之奉，而毫髮有不盡焉，猶未嘗養也；盡勞勩之力，而頃刻有不恭焉，猶未嘗事也。舅姑所愛，婦亦愛之；舅姑所敬，婦亦敬之。樂其心，順其志。有所行，不敢專；有所命，不敢緩。此孝事舅姑之要也。**勩，音異。旨，美也。勩，勞也。言極其甘美之奉，而毫髮之事有不盡於心〔一一〕，則與未養同；竭其勤勞之力，而頃刻之際有所不敬，則與未事同。故舅姑之所敬愛者，亦當敬愛之。娛樂其心，毋使憂愠也；順從其志，毋有逆違也。己有所行，則必稟命於舅姑，毋敢自擅也；舅姑有命，則必奉承而行，毋敢稽緩也。此孝事舅姑之要道。**昔太姒思媚，周基益隆；長孫盡孝，唐祚以固。甚哉！孝事舅姑之大也。夫不得於舅姑，則不可以事君子，而况於動天地、通神明、集嘉禎乎！故自后妃下至卿大夫及士庶人之妻，壹是皆以孝事舅姑爲重。詩云：「夙興夜寐，無忝爾所生。」**祚，存故切。太姒思媚，説見前。唐太宗文德皇后長孫氏有賢行，事高祖盡孝，謹承諸妃，消釋嫌猜，太宗有天下，致基祚之隆，后與有力。甚矣孝事舅姑，其道之大也如此！苟惟不得於舅姑，是犯「七去」之一，則不足以事其君子，况於動天地、通神明、集禎祥者乎！故自后妃以至庶人之妻，一切皆以孝事舅姑爲重也。詩，小雅小宛之篇。忝，辱也。引此詩而言事舅姑者，當夙興夜寐，以盡其道，以求無辱於父母而已。嫌，賢兼切。猜，倉才切。

校勘記

〔一〕有不盡於心 「盡」字殘闕，據嘉靖本、楚府本、四庫本補。

奉祭祀章第十五

人道重夫昏禮者，以其承先祖、共祭祀而已。故父醮子，命之曰：「往迎！爾相承我宗事。」母送女，命之曰：「往之女家，必敬必戒。」國君取夫人，辭曰：「共有敝邑，事宗廟社稷。」分雖不同，求助一也。醮，焦去聲。醮，冠、娶之祭名也。相，助也。宗事者，宗廟之事也。女家，婦人內夫家，故曰女家也。言婦人之職，奉宗廟祭祀，以助其君子，上下之分雖有不同，其求助於內則一也。**蓋夫婦親祭，所以備外內之官。若夫后妃奉神靈之統，爲邦家之基，蠲潔烝嘗，以佐其事，必本之以仁孝，將之以誠敬，躬蠶桑以爲玄紞，備儀物以共豆籩，夙夜在公，不以爲勞。詩云：「君婦莫莫，爲豆孔庶。」**蠲，音涓。紞，都感切。蠲，言齊戒滌濯之潔。宗廟之祭，春曰祠，夏曰禴，秋曰嘗，冬曰烝。躬，以身親之也。蠶所以爲絲，而桑所以養蠶。紞，織絲爲之，用懸瑱以塞耳者。魯語云：「王后親織玄紞。」儀物，禮儀之物也。共，具也。木曰豆，竹曰籩，所以盛菹醢者也。詩，小雅楚茨之篇。君婦，主婦也。莫莫，清静而敬至也。豆，所以盛内羞、庶羞，主婦薦之也。庶，多也。滌，音狄。濯，音濁。褕，音藥。瑱，音鎮。**夫相禮罔愆，威儀孔時，宗廟饗之，子孫順之，故曰：「祭者，教之本也。」苟不盡道而忘孝敬，神斯弗享矣。神弗享而能保躬裕後者，未之有也。凡内助於君子者，其尚勖之！**言助於祭祀，禮罔愆違，而威儀既得其宜，宗廟饗其誠而子孫順其孝。祭統曰：「祭者，教之本也。」言聖人立教，其本在此。苟不盡其誠敬之道，則神且弗享其祀矣。神之弗享，而能保其躬以饒裕其後者，未之有也。凡有内助之責者，可不加勉於是哉！

母儀章第十六

孔子曰：「女子者，順男子之教而長其理者也，是故無專制之義。」所以爲教，不出閨門，以訓其子者也。教誨不倦曰長。理，義理也。言女子但順從男子之教而長其義理，亦惟在於從人，無專制者也。然其所以教，不出於閨門之内，以訓誨其子女而已，無閫外之事也。**教之者，導之以德義，養之以廉遜，率之以勤儉，本之以慈愛，臨之以嚴恪，以立其身，以成其德。**廉，儉也。遜，讓也。嚴，毅。恪，敬也。言教其子女者，須引導之以德義，則不入於邪僻；涵養之以廉遜，則不至於貪鄙；先之以勤儉，則不至於奢靡。以慈愛存於心，以嚴恪臨其上，乃可以立其身而成其德者也。母儀之要，斯爲至切矣。**慈愛不至於姑息，嚴恪不至於傷恩，傷恩則離，姑息則縱，而教不行矣。詩云：「載色載笑，匪怒伊教。」**姑息，苟安也。言慈愛者，必當愛之以道，以姑息而爲慈愛，則不知所以愛其子矣。嚴恪者，不至於暴戾，使在下者畏而愛之。苟惟一之以嚴毅，而無優裕之容，則必至於傷恩。傷恩則其心離，姑息則其心縱，而教訓有所不行矣。詩，魯頌泮水之篇。色，和顏色也。引詩而言，又在於和其顏色以教之也。戾，音麗。**夫教之有道矣，而在己者亦不可不慎。是故女德有常，不逾貞信；婦德有常，不逾孝敬。貞信孝敬，而人則之，詩云：「其儀不忒，正是四國。」此之謂也。**忒，音慝。言所以教其子者，既有其道矣，而在我之母儀者，亦不可不慎。夫女有常德，不過貞信而已；婦有常德，不過孝敬而已。此亦互文也，言在己者有是貞信孝敬之實，則人必取以爲法。詩，曹風鳲鳩篇，言其儀度不差忒，則足以正四國矣。鳲，音尸。

睦親章第十七

仁者無不愛也，親疏内外，有本末焉。一家之親，近之爲兄弟，遠之爲宗族，同乎一源矣。仁者之人，無所不愛也，由親以及疏，由内以及外，皆致其愛焉。夫内親而外疏，内本而外末，親疏之分，等差雖有不同，推其和睦之道，則一而已。兄弟者，親之至近者也；宗族者，親之至遠者也，溯其流派，則始於一源之所出矣，豈可忘其所本而不加愛哉！差，義宜切。推，出唯切。溯，音素。派，普卦切。**若夫娣姒姑姊妹，親之至近者也，宜無所不用其情。夫木不榮於幹，不能以達支；火不灼乎中，不能以照外。是以施仁必先睦親，睦親之務，必有內助。**娣，音弟。姊，音子。娣姒，妯娌相呼之名。姑，父之姊妹也，夫之姊妹亦曰姑。女兄曰姊，女弟曰妹。情，實也。言此皆親之至近，愛之宜盡其情實也。幹，木正出者。支，木旁生者。灼，光明也。言施仁之道，必先睦親；睦親之道，必自近始。然其能行是道，亦必由於內助之所致也。妯。音逐。娌，良士切。**凡一源之出，本無異情，間以異姓，乃生乖別。書曰：「惇叙九族。」詩曰：「宜其家人。」主乎內者，體君子之心，重源本之義，敦頍弁之德，廣行葦之風。仁恕寬厚，敷洽惠施。**頍，犬蘂切。弁，音卞。洽，胡夾切。大抵遠之爲宗族，近之爲兄弟，本出一源而無所異也，惟間以異姓，不相和睦，乃生乖異爾。書，皋陶謨。惇，厚也。九族，高祖至玄孫之親。厚叙九族，則親親恩篤而家齊矣。詩，周南桃夭之篇。家人，一家之人也。凡主乎內者，宜體其君子仁愛之心，當益重水源、木本之義也。頍弁，小雅詩之篇，此詩宴兄弟親戚之詩，其辭曰：「豈伊異人？兄弟匪他。」又曰：「兄弟甥舅。」頍，弁貌，或曰舉首貌。弁，皮弁也。敦頍弁之德者，言效是詩之厚於親戚也。行葦，大雅詩之篇，此宴父兄耆老之詩，其辭曰：「戚戚兄弟，莫遠具爾。」行，道也。葦，蘆葦也。廣行葦之風者，言廣是詩藹然篤厚之意也。有如是之恩，則其仁厚寬恕之實，見於惠施者，敷布而周洽矣。陶，音遥。**不忘小善，不記小過。録小善則大義明，略小過則讒慝息。讒慝息則親愛全，親愛全則恩義備矣。疏戚之**

際，藹然和樂，由是推之，内和而外和，一家和而一國和，一國和而天下和矣，可不重歟！夫親親之間，有小善者不可以忘之。録其小善，則人心益勸而大義益明。有小過者，不可以記之，略其小過，則是非不興而讒不作。如此則親愛之情全而恩義之意備矣，則親疏之間，藹然和樂。自一家而推之至於一國而天下，靡有不和者矣，其可不以是爲重哉！大學傳曰：「一家仁，一國興仁；一家讓，一國興讓。」此之謂也。

慈幼章第十八

慈者，上之所以撫下也，上慈而不懈，則下順而益親。是故喬木竦而枝不附焉，淵水涸而魚不藏焉。故甘瓠累於樛木，庶草繁於深澤，則子婦順於慈仁，理也。竦，息勇切。涸，音鶴。瓠，音護，累，倫追切。上之撫下者，一本於慈愛而已。慈愛之心有所不懈，則在下者必順承而愈親戴其上矣。借使上之待下者鮮慈愛之道，譬之喬木上竦而旁枝不相附屬，淵水涸竭而巨魚不能容藏。夫樛木下垂，故有甘美之瓠固結於其上矣；深澤寬廣，故有衆多之草繁盛於其中矣；居上慈仁，故子婦自順從於下矣，其理固如此也。**若夫待之以不慈，而欲責之以孝，則下必不安。下不安則心離，心離則忮，忮則不祥莫大焉。爲人父母者，其慈乎！其慈乎！**忮，支義切。夫待下而不以慈，乃欲責之以盡其孝，則在下者有所不安於上矣。下之不安，則其心已離，離則有所忮害，忮害則其爲不祥莫大於是。故曰：「爲人父母者，其慈乎！其慈乎！」重言之者，深言慈愛之道不可以亡也。大學傳以慈爲使衆之道，内助於國家者，其可忽乎！**然有姑息以爲慈，溺愛以爲德，是自敝其下也。故慈者，非違理之謂也，必也盡教訓之道乎！亦有不慈者，則下豈可以不孝？必也勇於順令如伯奇者也。**然亦有不知其子之惡，偏於一己之私，苟且溺愛，以爲慈爲德，是自敗其子也。故慈者，非若此悖理之謂，必盡教訓之道，則必無非禮違法之事矣。亦有父母待子以不慈，則子豈可以不孝？必盡其在己者矣。伯奇，尹吉甫之子也。後母譖而逐之，伯奇履霜中野。勇於順令如伯奇者，言在下者當如伯奇之順令也。譖，側禁切。

逮下章第十九

君子爲宗廟之主，奉神靈之統，宜蕃衍似續，傳序無窮。故夫婦之道，世祀爲大。古之哲后賢妃，皆推德逮下，薦達貞淑，不獨任己，是以茂衍來裔，長流慶澤。衍，音演。裔，以制切。言古之人君主宰天下，重以嗣續爲大也。然使子孫蕃盛者，皆由賢妃哲后，能不妒忌，有逮下之德，薦達貞淑，以奉其上，不專於一己而已。是以後嗣延昌，慶澤綿遠矣。漢明德皇后，薦達左右，若恐不及，後宫有進見者，每加慰納。**周之太姒有逮下之德，故樛木形福履之詠，螽斯揚振振之美，終能昌大本支，綿周宗社，三王之隆，莫此爲盛矣！**螽，音終。太姒、樛木，説見前。螽斯，蝗屬，一生九十九子。振振，盛貌。后妃不妒忌而子孫衆多，故衆妾以螽斯之群處和集而子孫衆多比之，言其有是德而宜有是福也。事見詩周南螽斯篇。本，宗子也；支，庶子也。本宗則百世爲天子，支庶則百世爲諸侯，使宗社綿延鞏固，而夏殷周后妃之盛，莫有過於太姒者也。鞏，音拱。**故婦人之行，貴於寬惠，惡於妒忌。月星並麗，豈掩於末光？松蘭同畝，不嫌於俱秀。**此承上文而言婦人以寬惠爲德，而尤惡於妒忌也。夫月與星並麗，則其光自不相掩；松與蘭同秀，則其色自不相妨。以見己與衆妾同處，亦當若此而無所忌嫉也。**自后妃以至士庶人之妻，誠能貞静寬和，明大孝之端，廣至仁之意，不專一己之欲，不蔽衆下之美，務廣君子之澤，斯上安下順，和氣蒸融，善慶源源，實肇於此矣。**言凡内助於君子者，誠能有貞静寬和之德，明大孝繼承之本，廣至仁逮下之意，不專己以蔽下之美，務推廣君子之恩澤，斯則上安其心，下順其義，而上下之間藹然和氣，薰蒸融液，而積善之慶，源源而來，實始由於此矣。

待外戚章第二十

知幾者，見於未萌；禁微者，謹於抑末。自昔之待外戚，鮮不由於始縱而終難制也，雖曰外戚之過，亦系乎后德之賢否爾。幾者，動之微也。萌，芽也。微者，細微之事，而末，又微之至也。謹之者，言雖至微之事，當抑遏之。苟忽而不抑，將必至於甚大；甚大而欲抑，則有所不能矣。傳曰：「禁微者易，抑末者難。」正此意也。自古之待外戚，多因狎恩恃愛，始則縱其所爲，及其後也，驕横强肆而難以裁制。雖云外戚之過，亦系乎妃后之賢否爾，賢者則能戒飭之而長保其安全，不賢者則驕縱之而卒使其喪敗也。遏，阿葛切。飭，音敕。**觀之史籍，具有明鑒。漢明德皇后，修飭内政，患外家以驕恣取敗，未嘗加以封爵；唐長孫皇后，慮外家以貴富招禍，請無屬以樞柄，故能使之保全。**後漢顯宗明德皇后馬氏，伏波將軍援之女也，謙肅節儉，撿抑外家，嘗撰顯宗起居注，削去兄防參醫藥事。肅宗即位，請曰：「黄門舅旦夕供奉且一年，既無褒異，又不録勤勞，無乃過乎？」后曰：「吾不欲令後世聞先帝數親後宫之家，故不著也。」建初元年，欲封爵諸舅，后不聽，明年夏大旱，言事者以爲不封外戚之故，后詔曰：「凡言事者，皆欲媚朕以要福爾。先帝防慎舅氏，不令在樞機之位，吾豈可上負先帝之旨，下虧先人之德？」固不許。帝省詔悲歎，重以爲請，后曰：「吾豈徒欲獲謙讓之名，而使帝受不外施之嫌哉？高帝約，無軍功，非劉氏不侯，今馬氏無功於國家，豈得與陰、郭中興之后等耶？吾計之熟矣，勿有疑也。」初，大夫人葬，起墳微高，后以爲言，兄廖即時減削。外親有謙素義行者，輒假以温言，賞以財位，如有纖芥，即加譴責，車服不軌者，便絶屬籍，遣歸田里。於是内外從化，諸家惶恐。四年，帝封三舅廖、防、光爲列侯，並辭，就關内侯，后聞之曰：「吾居不求安，食不念飽〔一〕，冀乘此道，不負先帝，所以化導兄弟。何意老志復不從哉〔二〕？萬年之日長恨矣。」廖等不得已受封爵而退位歸第焉。唐太宗文德皇后長孫氏，隋右驍衛將軍長孫晟之女，兄無忌，於帝本布衣交，以佐命爲元功，出入卧内。帝將引以輔政，后固謂不可，乘間曰：「妾託體紫宫，尊貴已極，不願私親更據權於朝，漢之呂、霍，可以爲誡。」帝不聽，自用無忌爲尚書僕射。后密諭令牢讓，帝不獲已，乃聽，后喜見顔間，他日謂帝曰：「妾家以恩澤進，無德而禄，易以取禍，無屬樞柄，以外戚奉朝請足矣。」此皆后之賢者，故能保全外戚也。援，音院。驍，音澆。晟，音盛。射，音夜。**其餘若呂、霍、楊氏之流，僭逾奢靡，氣焰熏灼，無所顧忌，遂至傾覆。良由内政偏陂，養成禍根，非一日矣。易曰：「馴致其道，至堅冰也。」**馴，音旬。漢高祖呂后，有佐定天下之功。惠帝即位，尊爲太后。帝崩，臨朝稱制，大赦天下，乃立兄子呂台、産、禄、台子通四人爲王，封諸呂六人爲列侯，追尊父呂公爲呂宣王、兄周呂侯爲悼武王。太后病困，以趙王禄爲上將軍居北軍，梁王産爲相國居南軍，戒産、禄曰：「高帝與大臣約，非劉氏王者，天下共擊之。今王呂氏，大臣不平，我即崩，恐其爲變，必據兵衛宫，慎毋送喪。」及后崩，禄、産顓兵政，因謀作亂，太尉周勃等共誅之，悉捕諸呂男女，無少長，皆斬之。霍光女爲宣帝后，宣帝始立，立許妃爲皇后，光妻顯欲以小女爲后，私使乳醫淳于衍毒殺許后，因勸光納女立爲后。立三歲而光薨，子禹嗣爲博陸侯，顯改光時所造塋制而侈大之，起三出闕，北臨昭靈，南出承恩，盛飾祠室，輦閣通屬永巷，幽良人婢妾守之。廣治第室，作乘輿輦，加畫繡絪，馮黄金塗，韋絮薦輪，侍婢以五采絲輓顯遊戲第中。而禹、山亦並繕治第宅，走馬馳逐平樂館，雲當朝請，數稱病私出，多從賓客張圍獵黄山苑中，使蒼頭奴上朝謁，莫敢譴者。而顯及諸女晝夜出入長信宫殿中〔三〕，無期度。又奴與御史家奴争道，霍氏奴入御史府，欲躢大夫門，御史爲叩頭謝，乃去。後殺許后事頗泄，顯遂與諸婿、昆弟謀反，發覺，皆誅滅。唐玄宗貴妃楊氏，蜀州司户玄琰女，姿色冠代，善歌舞，邃音律，智算過人，動移上意。

姊三人，皆有才貌，並封國夫人，長韓國、次虢國、次秦國，出入宮掖，勢傾天下。兄銛，鴻臚卿，累授三品上柱國；錡，侍御史，尚太華公主，賜甲第，連於宮禁。釗，字國忠，亦寖顯，與銛皆私第立戟。五家甲第僭擬宮掖，車馬僕御，照耀京邑，遞相夸尚。每構一堂，費逾千萬，見勝於己者，即徹而復造，土木之工，晝夜不息。頒賜五家，中使不絕。每有請託，府縣承迎，峻如詔敕，四方賂遺，其門如市。開元以來，豪貴雄盛，無楊氏之比。玄宗每幸華清宮，五家扈從，家各爲隊，隊各一色，五家合隊，照映川谷，如百花煥發，遺鈿墜舄，瑟瑟珠翠，璨瓓芳馥於路。每朝賀待漏，靚妝盈巷，蠟炬如晝。國忠既居宰執，勢益恣横。十載正月望夕，五宅夜遊，與廣平公主爭門，楊氏奴揮鞭及公主衣，公主墮馬，駙馬程昌裔扶公主，因及數撾。公主泣奏之，殺楊氏奴，昌裔亦停官。貴妃姊妹與范陽節度使安禄山結爲兄弟，及禄山叛，露檄數國忠罪。河北盜起，以太子監撫軍國事，國忠大懼。及潼關失守，玄宗西幸，陳玄禮密啓太子誅國忠父子。既死，軍不散，玄宗遣力士宣問，對曰：「禍本尚在。」蓋指貴妃也。帝不獲已，與妃决，遂縊死。韓國、虢國二夫人亦爲亂兵所殺，國忠妻自刭死，子暄等皆誅滅。按：吕、霍、楊氏僭禮逾分，驕奢侈靡，氣焰熏灼，可畏如此。而罔知忌避，以至傾覆其祀，皆因内政不平，包藏禍根，非一日矣。易戒「履霜堅冰至」，言始雖甚微，不可使長，長則至於盛也。若是者皆因循而至於堅冰也，觀於此，足以爲鑒矣。悼，音道。顓、專同。薨，呼肱切。飾，音式。馮，皮冰切。輓，音晚。瓓，音闌。琰，以冉切。邃，音遂。虢，古伯切。銛，音纖。錡，音奇。寖與浸同。賂，音路。扈，音户。舄，音昔。馥，音伏。靚，音净。撾，職瓜切。檄，刑狄切。潼，音童。縊，音翳。刭，古頂切。**夫欲保全之者，擇師傅**

以教之。隆之以恩而不使撓法，優之以祿而不使預政。杜私謁之門，絕請求之路，謹奢侈之戒，長謙遜之風，則其患自弭。弭，母婢切。優，有餘也。預，干也。杜，塞也。謁，請也。絕，斷也。弭，息也。言欲保全外戚者，擇師傅以教之，使其由於道義。隆之以親親之恩，使其不擾於法度；優之以爵祿，使其不干於政事；塞其私謁之門，斷其請求之路，戒之使毋及於奢侈，以長其謙卑退遜之風，則其驕恣之弊，自然而息矣。**若夫恃恩姑息，非保全之道。恃恩則侈心肆焉，姑息則禍機蓄焉。蓄禍召亂，其患無斷。盈滿招辱，守正獲福。慎之哉！慎之哉！**恃恩者，外戚也；姑息者，后宮也。彼之恃恩，則奢侈恣肆，靡所不至；我之姑息，則養成其患，而禍機蘊蓄於中。蓄禍將必召亂，由我之姑息而始不能斷決也。盈滿則必至於招辱，小則失其身家，大則覆宗絕祀。惟守正者，不驕不侈，循於道義，故能全保富貴，此則可以獲福矣。故重言「慎之哉」者，警戒之義至深切矣，讀者當詳味之。蘊，於問切。

校勘記

〔一〕食不念飽　「飽」字殘闕，據嘉靖本、楚府本、四庫本補。

〔二〕何意老志復不從哉　「老」字殘闕，據嘉靖本、楚府本、四庫本補。

〔三〕顯及諸女　「女」字殘闕，據嘉靖本、楚府本、四庫本補。

女論語匯校

〔唐〕宋尚宫 撰
王丹妮 匯校

匯校説明

女論語一卷，今多題宋若昭或宋尚宮，也題宋氏姐妹。

女論語在相當長時間裏流傳不廣，所以它缺乏主軸流傳系統，目前流傳於世的重要女論語版本，也多存文字差異。從文字上看，目前存世的女論語，可分爲三個版本系統，即名媛璣囊本、重編説郛本和女四書集注本（簡稱「女四書本」），其中篇幅最長、内容最全者，爲重編説郛本，緑窗女史本也屬於此版本系統，名媛璣囊本和女四書本或多或少都有缺失。

鑒於女論語的這種多源流傳情況，爲方便讀者參考，我們在此綜合匯校女論語三系統的文字，將各本的文字差異，一併列於校勘記中。

綜合考慮内容、篇幅和刊刻年代等因素，此次匯校三版本系統女論語，選用明刊重編説郛本爲底本，匯校版本則有緑窗女史本、名媛璣囊本和奎壁齋本、書業堂本、崇德書院本等女四書集注的版本。

女論語匯校

曹大家曰〔一〕：「妾乃賢人之妻，名家之女，四德兼全〔二〕，亦通書史。因輟女工，閒觀文字，九烈可嘉，三貞可慕。深惜後人，不能追步，乃撰一書，名爲論語。敬戒相承，教訓女子。若依斯言〔三〕，是爲賢婦〔四〕。罔俾前人，傳美千古〔五〕。」

校勘記

〔一〕曹大家　名媛璣囊本、奎壁齋本、書業堂本、崇德書院本作「大家」。

〔二〕四德兼全　「兼」字奎壁齋本、書業堂本、崇德書院本作「粗」。

〔三〕若依斯言　「斯」字名媛璣囊本作「此」。

〔四〕是爲賢婦　「是爲」二字名媛璣囊本作「是謂」。

〔五〕傳美千古　「傳美」二字名媛璣囊本作「傳表」，奎壁齋本、書業堂本、崇德書院本作「獨美」。

立身章第一

凡爲女子，先學立身。立身之法，惟務清貞。清則身潔，貞則身榮。行莫回頭，語莫露脣[一]。坐莫動膝，立莫摇裙。喜莫大笑，怒莫高聲。内外各處，男女異群。莫窺外壁，莫出外庭。窺必掩面，出必藏形[二]。男非眷屬，莫與通名。女非善屬[三]，莫與相親。立身端正，方可爲人。

校勘記

〔一〕語莫露脣　「露」字奎壁齋本、書業堂本、崇德書院本作「掀」。

〔二〕窺必掩面出必藏形　奎壁齋本、書業堂本、崇德書院本作「出必掩面，窺必藏形」。

〔三〕女非善屬　「屬」字名媛璣囊本、奎壁齋本、書業堂本、崇德書院本作「淑」。

學作章第二

凡爲女子，須學女工。紉麻緝苧[一]，粗細不同。機車紡織[二]，切莫匆匆[三]。看蠶煮繭，曉夜相從。採桑摘柘，看雨占風。滓濕即替，寒冷須烘。取葉飼食〔四〕，必得其中。取絲經緯，丈疋成工〔五〕。輕紗下軸，細布入筒。綢絹苧葛〔六〕，織造重重。亦可貨賣，亦可自縫。刺鞋補襪〔七〕，引線繡絨。補聯紉綴〔八〕，百事皆通。能依此語，寒冷從容。衣不愁破，家不愁窮。莫學懶婦，積小癡慵。不貪女務，不計春冬。針線粗率，爲人所攻。嫁爲人婦，耻辱門風。衣裳破損〔九〕，牽西遮東。遭人指點，耻笑鄉中。奉勸女子，聽取言終〔一〇〕。

校勘記

〔一〕紉麻緝苧　「苧」字名媛璣囊本作「線」。

〔二〕機車紡織　「機車」二字奎壁齋本、書業堂本、崇德書院本作「車機」。

〔三〕切莫匆匆　「莫」字奎壁齋本、書業堂本、崇德書院本作「勿」。

〔四〕取葉飼食　名媛璣囊本作「上簇飲食」。

〔五〕丈疋成工　「工」字名媛璣囊本作「功」。

〔六〕綢絹苧葛　「綢絹」二字名媛璣囊本作「絹紬」。

〔七〕刺鞋補襪　「補」字奎壁齋本、書業堂本、崇德書院本作「作」。

〔八〕補聯紉綴　奎壁齋本、書業堂本、崇德書院本作「縫聯補綴」。

〔九〕衣裳破損 「損」字名媛璣囊本作「碎」。

〔一〇〕聽取言終 「終」字名媛璣囊本作「忠」。

學禮章第三

凡爲女子，當知女務〔一〕。女客相過，安排坐具。整頓衣裳，輕行緩步。斂手低聲，請過庭户。問候通時，從頭稱叙。答問殷勤〔二〕，輕言細語。備辦茶湯，迎來遞去〔三〕。莫學他人，擡身不顧。接見依稀，有相欺侮〔四〕。如到人家，且依禮數〔五〕。相見傳茶，即通事務〔六〕。説罷起身，再三辭去。主若相留，禮筵待過〔七〕。酒略沾唇，食無乂箸。退盞辭壺〔八〕，過承推拒。莫學他人，呼湯呷醋〔九〕。醉後顛狂，遭人所惡〔一〇〕。身未回家，已遭點污〔一一〕。當在家庭〔一二〕，少遊道路。生面相逢，低頭看顧。莫學他人，不知朝暮。走遍鄉村，説三道四。引惹惡聲，多招罵怒。辱賤門風〔一三〕，連累父母。損破自身，供他笑具。如此之人，有如犬鼠〔一四〕。莫學他人，惶恐羞辱〔一五〕。

校勘記

〔一〕當知女務　「女務」二字奎壁齋本、書業堂本、崇德書院本作「禮數」。

〔二〕答問殷勤　「答問」二字名媛璣囊本作「問答」。

〔三〕迎來遞去　「遞」字崇德書院本作「送」。

〔四〕有相欺侮　「侮」字名媛璣囊本作「負」。

〔五〕且依禮數　奎壁齋本、書業堂本、崇德書院本作「當知女務」。

〔六〕即通事務　「務」字奎壁齋本、書業堂本、崇德書院本作「故」。

〔七〕禮筵待過　「過」字奎壁齋本、書業堂本、崇德書院本作「遇」。

〔八〕退盞辭壺　「壺」字名媛璣囊本作「酣」。

〔九〕呼湯呷醋　「呷」字名媛璣囊本作「哈」。

〔一〇〕遭人所惡　名媛璣囊本作「不顧嘔吐」。

〔一一〕已遭點污　「點」字名媛璣囊本作「玷」。

〔一二〕當在家庭　「庭」字名媛璣囊本作「堂」。

〔一三〕辱賤門風　名媛璣囊本作「玷辱門户」。

〔一四〕有如犬鼠　「有」字名媛璣囊本作「猶」。

〔一五〕莫學他人惶恐羞辱　名媛璣囊本作「不顧慚惶，不知羞辱」。

早起章第四

凡爲女子，習以爲常。五更雞唱，起着衣裳。盥漱已了〔一〕，隨意梳妝。拾柴燒火〔二〕，早下厨房。磨鍋洗鑊，煮水煮湯〔三〕。隨家豐儉，蒸煮食嘗。安排蔬菜，炮豉春薑。隨時下料，甜淡馨香。整齊碗碟，鋪設分張〔四〕。三飡飯食，朝暮相當。侵晨早起〔五〕，百事無妨。莫學懶婦，不解思量。黄昏一覺，直到天光。日高三丈〔六〕，猶未離床。起來已宴〔七〕，却是慚惶。早起梳洗，突入厨堂〔八〕。容顔齷齪，手脚慌忙。煎茶煮飯，不及時常。又有一等，餔餟争嘗〔九〕。未曾炮饌〔一〇〕，先已偷藏。醜呈鄉里，辱及爹娘〔一一〕。被人傳説，豈不羞惶！

校勘記

〔一〕盥漱已了　名媛璣囊本作「梳頭洗面」。

〔二〕拾柴燒火　「拾」字奎壁齋本、書業堂本、崇德書院本作「揀」。

〔三〕磨鍋洗鑊煮水煮湯　「磨」字名媛璣囊本、奎壁齋本、書業堂本、崇德書院本作「摩」，「煮湯」作「煎湯」。

〔四〕鋪設分張　「設」字名媛璣囊本作「俵」。

〔五〕侵晨早起　「侵」字名媛璣囊本作「清」。

〔六〕日高三丈　「丈」字底本作「尺」，據名媛璣囊本、奎壁齋本、書業堂本、崇德書院本改。

〔七〕起來已宴　「宴」字奎壁齋本、書業堂本、崇德書院本作「晏」。

〔八〕早起梳洗突入厨堂　「早起」二字名媛璣囊本作「未及」，奎壁齋本、書業堂本、崇德書院本作「未曾」；「厨堂」二字奎壁齋本、書業堂本、崇德書院本作「厨房」。

〔九〕鋪餟争嘗　「鋪餟」二字底本作「餟鋪」，據名媛璣囊本、奎壁齋本、書業堂本、崇德書院本改。

〔一〇〕未曾炮饌　「炮」字名媛璣囊本作「庖」。

〔一一〕醜呈鄉里辱及爹娘　「呈」字名媛璣囊本作「聞」；「爹」字奎壁齋本、書業堂本、崇德書院本作「爺」。

事父母章第五

女子在堂，敬重爹娘〔一〕。每朝早起，先問安康。寒則烘火〔二〕，熱則扇凉。飢則進食，渴則進湯〔三〕。父母檢責〔四〕，不得慌忙。近前聽取，早夜思量。若有不是，改過從長〔五〕。父母言語，莫作尋常。遵依教訓，不可强良。若有不是〔六〕，借問無妨。父母年老，朝夕憂惶。補聯鞋襪，做造衣裳。四時八節，孝養相當〔七〕。父母有疾，身莫離床〔八〕。衣不解帶，湯藥親嘗〔九〕。求神拜佛，指望安康〔一〇〕。莫教不幸，或致身亡〔一一〕。痛入骨髓，哭斷肝腸。三年乳哺〔一二〕，恩德難忘。衣裳裝殮，持服居喪。安埋設祭，禮拜燒香〔一三〕。追修薦拔，超上天堂〔一四〕。莫學忤逆，咆哮無常〔一五〕。纔出一語，應答千張〔一六〕。便行抛掉，説着相傷。如此婦女，教壞村坊〔一七〕。

校勘記

〔一〕敬重爹娘　「爹」字奎壁齋本、書業堂本、崇德書院本作「爺」。

〔二〕寒則烘火　「烘火」二字名媛璣囊本作「燒火」。

〔三〕飢則進食渴則進湯　二「進」字名媛璣囊本皆作「奉」。

〔四〕父母檢責　「檢」字底本作「撿」，據奎壁齋本、書業堂本、崇德書院本改。

〔五〕改過從長　「從長」二字名媛璣囊本作「爲良」。

〔六〕若有不是　「是」字奎壁齋本、書業堂本、崇德書院本作「諳」。

〔七〕孝養相當　名媛璣囊本作「看邏調當」。

〔八〕父母有疾身莫離床　「有疾」、「莫」，名媛璣囊本分别作「疾病」、「不」。

〔九〕湯藥親嘗　「湯藥」二字名媛璣囊本作「藥必」。

〔一〇〕求神拜佛指望安康　奎壁齋本、書業堂本、崇德書院本作「禱告神祇，保佑安康」。

〔一一〕莫教不幸或致身亡　「莫教」、「或致」，奎壁齋本、書業堂本、崇德書院本分别作「設有」、「大數」。

〔一二〕三年乳哺　奎壁齋本、書業堂本、崇德書院本作「劬勞罔極」。

〔一三〕禮拜燒香　「燒香」二字奎壁齋本、書業堂本、崇德書院本作「家堂」。

〔一四〕追修薦拔超上天堂　奎壁齋本、書業堂本、崇德書院本作「逢周遇忌，血淚汪汪」。

〔一五〕咆哮無常　奎壁齋本、書業堂本、崇德書院本作「不敬爹娘」。

〔一六〕應答千張　名媛璣囊本作「口應千章」；奎壁齋本、書業堂本、崇德書院本作「使氣昂昂」。

〔一七〕便行抛掉説着相傷如此婦女教壞村坊　此數句奎壁齋本、書業堂本、崇德書院本作「需索陪送，争競衣妝。父母不幸，説短論長。搜求財帛，不顧哀喪。如此婦人，狗彘豺狼」。

事舅姑章第六

阿翁阿姑，夫家之主。既入他門，合稱新婦。供承看養〔一〕，如同父母。敬事阿翁，形容不覩。不敢隨行，不敢對語。如有使令，聽其囑付。姑坐則立，使令便去。早起開門，莫令驚忤〔二〕。换水堂前〔三〕，洗濯巾布〔四〕。齒藥肥皂，温凉得所。退步堦前，待其浣洗。萬福一聲，即時退步。備辦茶湯，逡巡遞去。整頓茶盤，安排匙筯〔五〕。飯則軟蒸，肉則熟煮。自古老人，牙齒疎蛀。茶水羹湯，莫教虚度。夜晚更深〔六〕，將歸睡處。安置辭堂〔七〕，方回房户。日日一般，朝朝相似。傳教庭幃，人稱賢婦。莫學他人，跳梁可惡。咆哮尊長，説辛道苦。呼唤不來，飢寒不顧。如此之人〔八〕，號爲惡婦。天地不容，雷霆震怒。責罰加身，悔之無路。

校勘記

〔一〕供承看養　「養」字名媛璣囊本作「待」。

〔二〕莫令驚忤　「忤」字名媛璣囊本作「寤」。

〔三〕换水堂前　奎壁齋本、書業堂本、崇德書院本作「灑掃庭堂」。

〔四〕洗濯巾布　「濯」字名媛璣囊本作「澣」。

〔五〕備辦茶湯逡巡遞去整頓茶盤安排匙筯　此數句奎壁齋本、書業堂本、崇德書院本作「整頓茶盤，安排匙筯。香潔茶湯，小心敬遞」。

〔六〕夜晚更深　「晚」字名媛璣囊本作「静」。

〔七〕安置辭堂　「辭」字名媛璣囊本作「寢」；「辭堂」二字奎壁齋本、書業堂本、崇德書院本作「相辭」。

〔八〕如此之人　「如」字名媛璣囊本作「似」。

事夫章第七

女子出嫁，夫主爲親。前生緣分，今世婚姻。將夫比天，其義匪輕。夫剛妻柔，恩愛相因。居家相待〔一〕，敬重如賓。夫有言語，側耳詳聽。夫有惡事，勸諫諄諄。莫學愚婦，惹禍臨身。夫若出外〔二〕，借問途程〔三〕。黄昏未返，瞻望思尋。停燈温飯，等候敲門。莫學懶婦〔四〕，未晚先眠〔五〕。夫如有病，終日勞心。多方問藥，遍處求神。百般醫療〔六〕，願得長生。莫學愚婦〔七〕，全不憂心。夫若發怒，不可生嗔。退身求讓〔八〕，忍氣吞聲〔九〕。莫學愚婦〔一〇〕，鬪鬧頻頻。粗絲細葛，補洗精神〔一一〕。莫令寒冷〔一二〕，凍損夫身。家常菜飯〔一三〕，供待殷勤。莫教飢渴，瘦瘠苦辛〔一四〕。同甘同苦，同富同貧。死同棺槨，生共衣衾。莫學潑婦，巧口花唇〔一五〕。能依此語，和樂瑟琴。如此之女，百口傳聞〔一六〕。

校勘記

〔一〕其義匪輕。夫剛妻柔，恩愛相因。居家相待　此數句名媛璣囊本作「義不重輕。夫和婦順，恩愛兩全。居家相狩」。

〔二〕夫若出外　「外」字名媛璣囊本作「去」。

〔三〕借問途程　「借問」二字奎壁齋本、書業堂本、崇德書院本作「須記」。

〔四〕莫學懶婦　「學」字奎壁齋本、書業堂本、崇德書院本作「若」。

〔五〕未晚先眠　名媛璣囊本作「全不憂心」；奎壁齋本、書業堂本、崇德書院本作「先自安身」。

〔六〕百般醫療　「醫」字奎壁齋本、書業堂本、崇德書院本作「治」。

〔七〕莫學愚婦　「愚」字奎壁齋本、書業堂本、崇德書院本作「蠢」。

〔八〕退身求讓　「求」字名媛璣囊本作「先」，奎壁齋本、書業堂本、崇德書院本作「相」。

〔九〕忍氣吞聲　「吞」字奎壁齋本、書業堂本、崇德書院本作「低」。

〔一〇〕莫學愚婦　「愚」字奎壁齋本、書業堂本、崇德書院本作「潑」。

〔一一〕補洗精神　奎壁齋本、書業堂本、崇德書院本作「熨帖縫紉」。「神」字，名媛璣囊本作「純」。

〔一二〕莫令寒冷　「令」字奎壁齋本、書業堂本、崇德書院本作「教」。

〔一三〕家常菜飯　「菜」字奎壁齋本、書業堂本、崇德書院本作「茶」。

〔一四〕瘦瘠苦辛　「瘠」字名媛璣囊本作「損」；「瘦瘠」二字奎壁齋本、書業堂本、崇德書院本作「飢渴」。

〔一五〕巧口花唇　「口」字名媛璣囊本作「嘴」。

〔一六〕百口傳聞　奎壁齋本、書業堂本、崇德書院本作「賢德聲聞」；「聞」字名媛璣囊本作「聲」。

訓男女章第八

大抵人家，皆有男女。年已長成，教之有序。訓誨之權，實專於母。男入書堂，請延師傅。習學禮義〔一〕，吟詩作賦。尊敬師儒，束脩酒脯。五盞三杯，莫令虛度〔二〕。十日一旬，安排禮數。設席肆筵，施呈樽俎。月夕花朝，遊園縱步。挈榼提壺，主賓相顧。萬福一聲，即登歸路。女處閨門，少令出户。唤來便來，教去便去。稍有不從，當叱辱怒〔三〕。在堂中訓〔四〕，各勤事務。掃地燒香，紉麻緝苧。若出人前，訓他禮數〔五〕。道福遜聲，遞茶待步〔六〕。莫縱嬌癡，恐他啼怒〔七〕。莫縱跳梁，恐他輕侮。莫縱歌詞，恐他淫語〔八〕。莫縱遊行，恐他惡事。堪笑今人，不能爲主。男不知書，聽其弄齒。鬬鬧貪杯，謳歌習舞。官府不憂，家鄉不顧〔九〕。女不知禮，强梁言語〔一〇〕。不識尊卑，不能針指。辱及尊親，怨却父母〔一一〕。惡語相傷〔一二〕，養猪養鼠。

校勘記

〔一〕習學禮義　「義」字奎壁齋本、書業堂本、崇德書院本作「儀」。

〔二〕莫令虛度　「令」字名媛璣囊本作「教」。

〔三〕當叱辱怒　奎壁齋本、書業堂本、崇德書院本作「當加叱怒」。

〔四〕在堂中訓　奎壁齋本、書業堂本、崇德書院本作「朝暮訓誨」。

〔五〕若出人前訓他禮數　「出」、「訓」二字，奎壁齋本、書業堂本、崇德書院本分别作「在」、「教」。

〔六〕道福遜聲遞茶待步　「遜」、「待」二字，名媛璣囊本分别作「一」、「退」；此兩句奎壁齋本、書業堂本、崇德書院本作「遞獻茶湯，從容退步」。

〔七〕莫縱嬌癡恐他啼怒　「嬌」字崇德書院本作「驕」；「啼」字名媛璣囊本作「嗔」。

〔八〕恐他淫語　「淫」字奎壁齋本、書業堂本、崇德書院本作「污」。

〔九〕家鄉不顧　「鄉」字崇德書院本作「庭」。

〔一〇〕女不知禮强梁言語　「禮」字底本作「書」，據奎壁齋本、書業堂本、崇德書院本改；「言語」二字名媛璣囊本作「齟齬」。

〔一一〕怨却父母　「怨却」二字奎壁齋本、書業堂本、崇德書院本作「有玷」。

〔一二〕惡語相傷　奎壁齋本、書業堂本、崇德書院本作「如此之人」。

營家章第九

營家之女，惟儉惟勤。勤則家起，懶則家傾。儉則家富，奢則家貧。凡爲女子，不可因循。一生之計，惟在於勤。一年之計，惟在於春。一日之計，惟在於晨〔一〕。奉箕擁帚，灑掃灰塵。撮除擒摒，有用非輕〔二〕。眼前伶俐〔三〕，家宅光明。莫教穢污，有玷門庭。耕田下種，莫怨辛勤。炊羹造飯，思記頻頻〔四〕。耘耨田土，茶水勻停。莫令晏慢，飢餓在身〔五〕。積糠聚潲〔六〕，餵養孳牲。呼歸放去，檢點搜尋。莫教失落，擾亂四鄰〔七〕。夫有錢米，收拾經營。夫有酒物，存積留停。迎賓待客，不可偷侵。大富由命，小富由勤。禾麻粟麥，成稄成囷〔八〕。油鹽椒豉，甕沓張盛〔九〕。猪雞鵝鴨，成隊成群。四時八節，免得營營。酒漿食饌，各有餘剩〔一〇〕。夫婦享福，懽笑欣欣。

校勘記

〔一〕惟在於晨　「晨」字奎壁齋本、書業堂本、崇德書院本作「寅」。

〔二〕有用非輕　奎壁齋本、書業堂本、崇德書院本作「潔净幽清」。

〔三〕眼前伶俐　「伶俐」二字奎壁齋本、書業堂本、崇德書院本作「爽利」。

〔四〕思記頻頻　「記」字名媛璣囊本作「造」；「思記」二字奎壁齋本、書業堂本、崇德書院本作「餽送」。

〔五〕莫令晏慢飢餓在身　「餓」字名媛璣囊本作「渴」。此兩句奎壁齋本、書業堂本、崇德書院本作「莫教遲慢，有悮工程」。

〔六〕積糠聚潲　「潲」字名媛璣囊本作「淅」，奎壁齋本、書業堂本、崇德書院本作「屑」。

〔七〕莫教失落擾亂四鄰　「落」、「擾」二字，名媛璣囊本分別作「去」、「撓」。

〔八〕禾麻粟麥成稜成囷　「粟」、「稜」二字，奎壁齋本、書業堂本、崇德書院本分別作「菽」、「棧」。

〔九〕甕沓張盛　奎壁齋本、書業堂本、崇德書院本作「盎甕粧盛」。

〔一〇〕各有餘剩　「剩」字奎壁齋本、書業堂本、崇德書院本作「盈」。

待客章第十

大抵人家，皆有賓主。促滚湯瓶〔一〕，抹光橐子。準備人來，點湯遞水。退立堂前〔二〕，聽夫言語。若欲傳杯，即時辦去。若欲相留〔三〕，待夫回步。細與商量〔四〕，殺雞爲黍。物味調和，菜蔬濟楚〔五〕。五酌三杯〔六〕，有光門户。紅日含山，晚留居住〔七〕。點燭擎燈，安排坐具。枕席紗厨，鋪氊擁被〔八〕。欽敬相承，温凉得趣。次曉相看，客如辭去，別酒殷勤，十分注意〔九〕。夫喜能家，客稱曉事〔一〇〕。莫學他人，不持家務。客來無湯，荒忙無措〔一一〕。夫若留人，妻懷嗔怒。有筋無匙，有鹽無醋。争啜争哺，打男罵女〔一二〕。夫受慚惶，客懷羞愧〔一三〕。有客到門，無人在户，須遣家童，問其來處。客若殷勤，即通名字。却整容儀，出廳延住，點茶遞湯〔一四〕，莫缺禮數〔一五〕。借問姓名〔一六〕，詢其事務。記得夫歸，即當説與〔一七〕。客下堦去，即當回步。奉勸後人，切須學取〔一八〕。

校勘記

〔一〕促滚湯瓶　「促」字底本作「蔟」，據名媛璣囊本改。此句奎壁齋本、書業堂本作「滚滌壺瓶」，崇德書院本作「洗滌壺瓶」。

〔二〕退立堂前　「前」字奎壁齋本、書業堂本、崇德書院本作「後」。

〔三〕若欲相留　「若欲」二字底本作「欲若」，據名媛璣囊本改。

〔四〕細與商量　「與」字奎壁齋本、書業堂本、崇德書院本作「語」。

〔五〕物味調和菜蔬濟楚　「物」、「濟」二字，奎壁齋本、書業堂本、崇德書院本分别作「五」、「齊」。

〔六〕五酌三杯　奎壁齋本、書業堂本、崇德書院本作「茶酒清香」。

〔七〕紅日含山晚留居住　「含」、「居住」，名媛璣囊本分别作「銜」、「客駐」。

〔八〕枕蓆紗厨鋪氈擁被　「蓆」字名媛璣囊本作「簟」；「擁」字奎壁齋本、書業堂本、崇德書院本作「疊」。

〔九〕十分注意　「注」字奎壁齋本、書業堂本、崇德書院本作「留」。

〔一〇〕客稱曉事　底本作「家稱曉事」，據奎壁齋本、書業堂本、崇德書院本改。

〔一一〕荒忙無措　「無」字奎壁齋本、書業堂本、崇德書院本作「失」。

〔一二〕争啜争哺打男罵女　奎壁齋本、書業堂本、崇德書院本作「打男罵女，争啜争餔」。

〔一三〕客懷羞愧　「愧」字奎壁齋本、書業堂本、崇德書院本作「懼」。

〔一四〕却整容儀出廳延住點茶遞湯　此數句奎壁齋本、書業堂本、崇德書院本作「當見則見，不見則避。敬待茶湯」。「延住」二字名媛璣囊本作「延坐」。

〔一五〕莫缺禮數　「莫缺」二字名媛璣囊本作「教他」。

〔一六〕借問姓名　「借問」二字奎壁齋本、書業堂本、崇德書院本作「記其」。

〔一七〕記得夫歸即當説與　「得」字名媛璣囊本作「待」；「記」、「與」二字，奎壁齋本、書業堂本、崇德書院本作「等」、「訴」。

〔一八〕切須學取　奎壁齋本、書業堂本、崇德書院本作「切依規度」。

和柔章第十一

處家之法，婦女須能〔一〕。以和爲貴，孝順爲先〔二〕。翁姑有責〔三〕，曾如不曾。姑嫜有責〔四〕，聞如不聞。上房下户，子姪團圓〔五〕。是非休習〔六〕，長短休争。從來家醜，不出外傳〔七〕。東鄰西舍，禮數周全。往來賀問〔八〕，款曲盤旋。一茶一水，笑語忻然。當説便説〔九〕，當行則行。閑是閑非，不入我門。莫學愚婦，不問根源。穢言污語，觸突尊賢。奉勸女子，量後思前。

校勘記

〔一〕婦女須能　「須」字底本作「雖」，據名媛璣囊本、奎壁齋本、書業堂本、崇德書院本改。

〔二〕孝順爲先　「先」字奎壁齋本、書業堂本、崇德書院本作「尊」。

〔三〕翁姑有責　「有」字奎壁齋本、書業堂本、崇德書院本作「嗔」。

〔四〕姑嫜有責　「責」字名媛璣囊本作「過」。

〔五〕子姪團圓　「團圓」二字奎壁齋本、書業堂本、崇德書院本作「宜親」。

〔六〕是非休習　「習」字名媛璣囊本作「講」。

〔七〕不出外傳　奎壁齋本、書業堂本、崇德書院本作「不可外聞」。

〔八〕往來賀問　「賀」字奎壁齋本、書業堂本、崇德書院本作「動」。

〔九〕當説便説　「便」字奎壁齋本、書業堂本、崇德書院本作「則」。

守節章第十二

古來賢婦，九烈三貞。名標青史，傳到而今。後生宜學〔一〕，初匪難行〔二〕。第一守節，第二清貞。有女在堂〔三〕，莫出閨庭。有客在户，莫出廳堂〔四〕。不談私語，莫起淫言〔五〕。黄昏來往，秉燭擎燈〔六〕。暗中出入，恐惹不情〔七〕。一行有失，百行無成。夫妻結髮，義重千金。若有不幸，中路先傾〔八〕。三年重服，守志堅心。保家持業，整頓墳塋。有生有死，一命所同〔九〕。此篇論語，談盡題容〔一〇〕。後人依此，日月相逢〔一一〕。切須記取〔一二〕，不可朦朧。若依斯言〔一三〕，享福無窮。

校勘記

〔一〕後生宜學　「宜」字底本作「莫」，據奎壁齋本、書業堂本、崇德書院本改。名媛璣囊本作「要」，亦通。

〔二〕初匪難行　「初」字奎壁齋本、書業堂本、崇德書院本作「亦」。

〔三〕有女在堂　「堂」字奎壁齋本、書業堂本、崇德書院本作「室」。

〔四〕莫出廳堂　奎壁齋本、書業堂本、崇德書院本作「莫露聲音」。

〔五〕不談私語莫起淫言　「談」字底本作「異」，據奎壁齋本、書業堂本、崇德書院本改。「莫起淫言」，奎壁齋本、書業堂本、崇德書院本作「不聽淫音」。

〔六〕秉燭擎燈　「擎」字奎壁齋本、書業堂本、崇德書院本作「掌」。

〔七〕恐惹不情　奎壁齋本、書業堂本、崇德書院本作「非女之經」。

〔八〕若有不幸中路先傾　「若」字名媛璣囊本作「忽」；「中路先傾」，名媛璣囊本作「中道相傾」。

〔九〕有生有死一命所同　奎壁齋本、書業堂本、崇德書院本作「殷勤訓後，存殁光榮」。

〔一〇〕談盡題容　「題容」二字名媛璣囊本作「言容」。此句奎壁齋本、書業堂本、崇德書院本作「内範儀刑」。

〔一一〕日月相逢　奎壁齋本、書業堂本、崇德書院本作「女德昭明」。

〔一二〕切須記取　奎壁齋本、書業堂本、崇德書院本作「幼年切記」。

〔一三〕若依斯言　「斯」字名媛璣囊本、奎壁齋本、書業堂本、崇德書院本作「此」；「言」字名媛璣囊本作「語」。

附録一　相關研究論文

女四書集注及其内諸書版本考

王丹妮

明末清初學者王相所編女四書集注，包含女誡、内訓、女論語和女範捷録四部女教書。流傳至日本後，女範捷録被女孝經取代，成爲另一種「女四書」的組合。女四書集注自成書後，直至民國，迭有刊刻，形成了一個獨立的版本流傳系統。而其内諸書，成書年代自東漢至明，各有不同，流傳情況也有各自脈絡可循。王相將它們裒輯一處，本來並無交集的流傳史上，留下了一段重合的印記。

考察女四書集注的流傳，不僅應當關注王相編爲叢書後的刊印情況，也應該探究其内諸書各自的發展脈絡。這裏，我們先整體介紹女四書集注的版本情況，方便讀者理解這樣一部女教書自明代至民國的流傳及影響，這是我們整理女四書集注的初衷之一，亦爲避免介紹其内諸書版本流傳時的不斷重複。明末大型叢書重編説郛（即一百二十卷本説郛）及與之相關的一些同時代叢書中，同時收録了女誡、女論語，刊刻情況有不少相似之處，一併置於第二節進行説明。其後，介紹女誡、内訓、女論語各自的流傳脈絡，以期展現各書發展變化及存世版本現狀。女範捷録爲王相母劉氏之作，除女四書集注外，再無其他女教叢書收録，故女四書集注的版本發展情況與女範捷録的情況相同。

一、女四書集注版本考

王相編訂的女四書集注成書於康熙年間，在清代至民國初迭有重新校訂和翻刻覆刻，形成了清初奎壁齋本和清末崇德書院本兩個主要的版本系統。

今見存世年代最早的女四書，爲清初金陵奎壁齋所刊。此本現藏於中國國家圖書館，板框高約十八釐米，寬約十二點八釐米，半葉九行，行十七字，小字雙行同，左右雙邊，白口，無魚尾，方體字。版面模糊漫漶處頗多，亦有個別殘損之處。封面除書名外，另有「奎壁齋訂本」、「金陵鄭元美行梓」等字。前有神宗皇帝御製女誡序，内訓末頁、女範捷録末頁牌記曰「莆陽鄭氏訂本金陵奎壁齋梓」。女誡首頁、宋尚宮女論語首頁、全書末頁分別有「北京圖書館藏」朱長方印。内文「玄」字缺末筆，「胤」、「弘」不避諱，可知刊刻於康熙年間。

奎壁齋是明清時期活躍於金陵的書坊，除女四書外，還刊有春秋傳、歌林拾翠、廣日記故事等書。其中，廣日記故事也爲王相增注。四庫全書總目提要載王相所編尺牘嚶鳴集，成於康熙己丑（四十八年，一七〇九）〔一〕，則王相至少在這一年仍然在世。奎壁齋與王相的合作又不止一次，王相很可能見過奎壁齋刊刻的女四書，此本也成爲其後諸本女四書的祖本。

另一屬於奎壁齋本系統的版本，是多文堂梓行的閨閣女四書集注，胡文楷歷代婦女著作考著録此本，並記爲明天啓四年（一六二四）刊本〔二〕。但依車佳敏的考察，此本實則刊刻於康熙二十三年（一六八四），且爲奎壁齋本的翻刻本。胡文楷的著作影響廣泛，説法多爲學者所接受，並影響到學者對女四書成書時間的判斷。故另撰他文，予以詳析，相關考述，請參見本書附録一多文堂本閨閣女四書集注刊行時間考一文。

乾隆六十年（一七九五），蘇州書業堂以奎壁齋本爲底本，重刻女四書。此本現藏日本内閣文庫，板框高約十七釐米，寬約十二釐米，半葉九行，行十七字，小字雙行同，四周雙邊，白口，無魚尾。首頁有「淺草文庫」、「書籍館印」和「日本政府圖書」等印。書業堂爲明萬曆年間蘇州金閶地區的書坊〔三〕，入清後，刻書、售書活動仍繼續。書業堂本雖據奎壁齋本重刻，但四種書的排列順序與奎壁齋本稍異。奎壁齋本的順序爲女誡、内訓、女論語和女範捷録，這一編排或與王相有關，他將明朝徐皇后的内訓前提，可能體現了明遺民的心態。而書業堂本則按照四部書産生的年代排列，依次爲女誡、女論語、内訓和女範捷録。另外，現存女四書刊本，清末民國印本較多，清代前中期印本較稀少，産生於清中期的書業堂本，可視爲女四書在清代迭有刊印的確證。

清末至民國，民間流行最廣的女四書，乃南京李光明莊所刻狀元閣女四書。李光明莊是南京城内頗具盛名的書坊，尤其擅長印售各種童蒙讀物，十分暢銷。事實上，當時流傳甚廣、今天仍爲許多研究者所重的狀元閣女四書，並不如蘇州崇德書院本精良，而崇德書院本女四書才是清末流行的諸多狀元閣女四書的本源。由於李光明莊在刊印童蒙讀物方面知名度較高，所以坊間覆刻之作較多，人們也多願選讀狀元閣女四書，漸漸遺忘崇德書院本女四書的存在。

蘇州崇德書院本女四書刊刻於光緒三年（一八七七），封面題名校訂女四書箋注，内封牌記曰：「光緒丁丑刊於蘇州崇德書院」。此本板框高約十七點六釐米，寬約十三釐米，半頁九行，行十七字，小字雙行同，左右雙邊或四周單邊，白口，無魚尾。前有潘遵祁序，序文開頭紙頁破損，缺「詩三」兩字。

崇德書院本女四書校訂者潘遵祁（一八〇八—一八九二），字順之，號西圃，吴縣（今江蘇省蘇州市）人。道光二十五年（一八四五）進士，任庶吉士，授編修，道光二十七年任翰林，後無意仕途，回鄉隱居，著有西圃集。潘遵祁序作於光緒二年，其云：

詩三百篇，首求淑女。易六十四卦，爰著家人，此關雎所以爲王化之始，而正家所以可定天下也。閨門之教，今之人忽焉不講，而古聖人重之如是。善乎陳文恭公之言曰：「有賢女然後有賢婦，有賢婦然後有賢母，有賢母然後有賢子孫。」於是乎有教女遺規之刻。近日坊間所傳女誡、女論語等，流風善政，猶有存者，無如翻刻麤陋，增損失真，僅供村塾師口授，而詩禮之門、庠序之士，反爲未見之書。世風日下，中饋不嚴，休其蠶織，嘻嘻終吝。每觀一家之興替，系乎内助之賢否者甚多。讀文恭之書，慨焉有思古之懷。適坊友重謀剞劂，因爲校正授之，而並以書。光緒丙子初夏吴縣潘遵祁序。〔四〕

陳文恭公指編纂教女遺規的陳宏謀，潘遵祁有感於陳宏謀對於閨門之教的重視，又因坊間流傳的女誡、女論語等書翻刻醜陋，粗鄙失真，故在崇德書院的邀請下，重新校訂了王相女四書。翌年，這部潘校女四書便付梓刊印。

崇德書院本與奎壁齋本有多處差異。以女論語爲例，序傳部分「深惜後人」，崇本作「深夫後人」；學禮章中「迎來遞去」，崇本作「迎來送去」；訓男女章中「家鄉不顧」，崇本作「家庭不顧」；營家章中「擾亂四鄰」，崇本作「擾亂西鄰」。這些崇德書院本與奎壁齋本具有明顯差異的地方，均被諸本狀元閣女四書繼承下來，足以説明狀元閣女四書修訂刊刻時使用的底本爲崇德書院本。

李光明莊本狀元閣女四書刻於光緒六年（一八八〇），封面朱墨題名狀元閣女四書，内封刻朱色牌記「江南城聚寶門三山大街大功坊郭家巷内秦狀元巷中李光明莊重複校對自梓童蒙各種讀本揀選重料紙張裝訂發兑」一段。前有神宗皇帝御製女誡序，序文刻於紅靛套印龍鳳圖框中，半頁五行，依序文内容提一格、兩格、三格不等，凡四頁。葉四b牌記曰「光緒六年八月」，另有「天子萬年」四字。曹大家女誡首頁、全書末頁有「北京圖書館藏」朱長方印。板框高約十八點四釐米，寬約十三釐米，半頁九行，行十七字，小字雙行同，白口，四周雙邊，單魚尾。版心上方邊框下凹一字，版心下方刻「李光明莊」四字。正文及注文部分有圈點句讀。書後附潘遵祁跋，實爲崇德書院本女四書中潘遵祁序。

狀元閣女四書印成發售之後，頗受時人歡迎，上海、福州等地多家書坊相繼仿刻，並沿用狀元閣女四書之名。不過，狀元閣女四書的校訂刊印，却並非李光明莊的創舉，而肇始於蘇州崇德書院。李光明莊以崇德書院的校訂女四書箋注爲底本，或另參照其他坊間流傳的女四書，進行了簡單校勘，有極少增添，如女論語第六章事舅姑末尾，狀元閣本添加「恣音自」的音釋，崇德書院本無此三字，年代更早的奎壁齋本亦無。狀元閣本雖然修正了崇德書院本的個别字詞錯誤，但也有原本正確的地方，狀元閣本却改爲錯字。

狀元閣女四書之後，文成堂、江左書林、共賞書局、善成堂、江陰寶文堂等書坊，相繼覆刻或重刻此書，女四書在民間流傳的數量不斷增加。清末維新變法運動中，新式女學受到了教育界的極大關注，維新派人士提倡「興女學」、「創設女學堂」，多地開始重視女子教育與女校興辦，隨之興起了國人自編女子教科書的潮流。同期，對傳統女教書的抨擊也隨之而來。

然而，清政府則主張由官方編寫女子教科書，「令各省學堂將孝經、四書、列女傳、女誡、女訓及教女遺規等書，擇其最切要而極明顯者，分别次序淺深，明白解說，編成一書，並附以圖，至多不得過兩卷，每家散給一本」〔五〕，所謂官方女子教科書，實質上仍爲傳統女教書。至一九〇六年，以張之洞爲首的諸人倡導新編女學課本，也始終未能打破繼承封建女教的局面。進入民國，袁世凱復辟帝制，尊孔復古，重新鼓吹「賢妻良母主義」，傳統女教書便又得到了重刻與銷售的機會。在這樣的社會背景中，女四書仿照新式女學讀本，更名爲女子四書讀本，被上海諸多書局刊印銷售，如會文堂書局、上海錦章圖書局、鑄記書局、鴻文書局、掃葉山房、廣益書局等。雖然書名變更，實則翻刻狀元閣女四書，保留了潘遵祁序。

綜此，我們看到，今見存世的女四書集注中，清初奎壁齋本的年代最早，書業堂據以覆刻。清末民初，女四書的版本及刊刻數量大大增加，這一時期諸多女四書的祖本，是崇德書院的校訂女四書箋注，狀元閣女四書則是流傳最廣、被翻刻重刻次數最多的版本。

二、重編説郛本女誡與女論語

關注女誡和女論語兩書版本的學者都曾關注到所謂「説郛本」，即一百二十卷本説郛。爲區別於陶宗儀原本説郛，並據學界已有研究，本文稱一百二十卷本説郛爲重編説郛。與重編説郛同時期的其他幾部内容博雜的大型叢書中，也可以見到女誡和女論語的身影，如緑窗女史收録女誡和女論語，居家必備收録女誡。

説郛爲元末明初人陶宗儀所編，其書「取經史傳記，下迨百氏雜説之書千餘家」〔六〕，包含多種後世不傳之書，因具有較高的文獻價值爲學者所重視。遺憾的是，陶宗儀原本在編成之後很快散佚，沒有刻本保留，流傳至今的基本都是散卷殘篇的抄本。明中後期出現重編説郛，雖然書前題有「天台陶宗儀纂、姚安陶珽重輯」等字，書目也與陶本有重合之處，但規模和内容已與原本差異甚大，早已不是陶宗儀編纂的原貌。重編説郛刊行後，迭經删削重印，演變爲清代通行本説郛，後入四庫全書。

無論陶本説郛還是重編説郛，因其篇幅巨大，校訂、刊印及保存版片都成爲十分艱辛的事情。即使有印本行世，也很少有人能夠完整收藏一套。而重編説郛又因雜糅竄亂之處頗繁，多遭詬病，了解説郛全貌實爲不易。民國時期，因重編説郛非陶宗儀原本，張宗祥主持京師圖書館之時，彙集六種明抄本，意欲恢復陶宗儀本説郛原貌〔七〕。書成之後，由涵芬樓排印，凡一百卷，是爲涵芬樓本説郛，被認爲是與陶宗儀原本最接近的版本。

清人陳師曾作説郛書目考，欲探求説郛中各書之源流，然僅有抄本存世，且爲殘卷〔八〕，於今參考價值有限。

對於説郛較爲全面的考察，肇始於法國漢學家伯希和。一九二四年，他在説郛考一文中談及陶宗儀的生平、説郛的編纂校訂以及版本源流等問題〔九〕，但因他身在法國，資料缺乏，論述難免有誤。其後，日本京都文化研究所學者渡邊幸三作説郛考〔一〇〕、中法漢學研究所圖書館館員景培元作説郛板本考〔一一〕、日本京都大學教授倉田淳之助作説郛版本諸説與己見〔一二〕，三人分別根據所見諸本説郛，對其版本等問題進行了更加深入的探討。一九七九年，臺灣學者昌彼得說郛考〔一三〕一書，在前人已有研究的基礎上，針對與說郛相關的諸多問題，做出了全面而深刻的分析。昌彼得之後，與說郛版本相關的討論數量不多，而且均在昌氏的基礎上進行細微的闡發和修正。近年，美國印第安那大學艾騖德（Christopher P. Atwood）在研究聖武親征録時，旁及了說郛的版本問題，作說郛版本史，詳細闡發了明代說郛諸抄本之間的譜系關係〔一四〕。

以上的諸多說郛版本研究，幾乎均將考察的重點集中在陶宗儀原本說郛的編纂和流傳方面，而詳細梳理重編說郛的成書及流傳狀況者，有渡邊幸三、景培元、倉田淳之助和昌彼得四人。渡邊幸三之說發表年代較早，不及昌彼得的闡釋精確，景培元雖參看了不同的版本，但他多沿用渡邊的看法，「其文鮮有發明」〔一五〕。因此，有關重編說郛可以參考的學說，只剩倉田淳之助和昌彼得兩家。

在探究女四書版本問題時，重編說郛的編纂及流傳狀況之所以值得關注，是因人們通常將「說郛本女誡和女論語」誤認爲陶宗儀原本。事實上，兩者均爲重編說郛本。明確這一點，方可判斷兩書被收録的時間。

既然張宗祥所輯涵芬樓本說郛是最接近陶宗儀原本的版本，那麽，若將重編說郛的目録與涵芬樓本說郛的目録兩相對比，便可知兩個版本所收書目的同異。而景培元已完成了説郛目録的對比工作，詳見其説郛板本考文後所附説郛子目異同表。景氏所采之本共五種：（一）涵芬樓本；（二）日本東方文化研究所藏明刊本，説郛一百二十卷，續説郛四十六卷；（三）中法漢學研究所圖書館藏明刊本，説郛一百二十卷，續説郛四十四卷；（四）清初印本；（五）四庫全書本。其中，後四種均屬重編説郛版本系統。查閲此表，女誡和女論語均未收於涵芬樓本，而見於其餘四種重編説郛卷七十〔一六〕。

近年，汲古閣藏明鈔六十卷本説郛披露於學界，這是當年張宗祥編訂涵芬樓本説郛時未參考的明鈔本。對此，張氏鐵如意館隨筆云：「説郛（指涵芬樓本）印成後，知台州圖書館尚有六十卷，亦明鈔本，王子莊先生曾爲題記，且目録亦全，但未寓目，不敢斷定爲何時寫本。」〔一七〕此本現藏於浙江台州臨海市博物館，徐三見汲古閣藏明鈔六十卷本説郛考述一文認爲，此明鈔本即以陶宗儀原本爲底本而成〔一八〕。徐氏在文末附此明抄本的目録，其中，没有女誡和女論語的條目。由是可知，兩書入重編説郛爲明中後期之事，陶宗儀本人没有將其收入説郛。

那麽，隨之而來的問題是，女論語因何收録於重編説郛？何人將女論語收録其中？所據底本爲何？倉田淳之助在説郛版本諸説與己見一文中，著重討論了重編説郛（倉田文中稱爲重校説郛）的問題。他首先注意到重編百川學海、續百川學海、廣百川學海、廣漢魏叢書、唐宋叢書、五朝小説等叢書的行格字體與重編説郛近乎一致，均爲九行二十字，左右雙邊，單魚尾，且這幾部叢書中的大部分書目與重編説郛目録相同。同時，他比對了日本所藏以上諸叢書與重編説郛中相同的版面，發現兩者的區别在於，重編説郛挖削了版片上原有的校閲者姓名，遂認爲以上諸叢書的書版刻成後，大部分旁用於重編説郛。因而得出「重編説郛是從萬曆末年至崇禎年間，以各種形式出現的刊版合集」〔一九〕的結論。但是，重編百川學海、續百川學海、廣百川學海、廣漢魏叢書、唐宋叢書、五朝小説等諸多叢書，並非由同一家書肆刊印，它們之間應該是互相獨立的關係。因何毫無關聯的幾套叢書，會使用完全相同的行格字體，倉田淳之助却没有做出説明。

昌彼得則認爲先有重編説郛之版，諸叢書後取用之。對於重編説郛的成書過程，他詳細比勘了臺灣「中央」圖書館所藏廣漢魏叢書、重編百川學海、續百川學海、廣百川學海、熙朝樂事和遊藝備覽六部叢書與明印本重編説郛的異同。他認爲，重編説郛纂於萬曆年間，編成後刻板。何人主持編纂之務，今已無考。但是，當時寓居武林（今浙江杭州）的諸多讀書人，分别承擔了校訂重編説郛的工作，刻板之時，於每一書名下標示校閲者姓名。但因無初印本傳世，彼時是否印刷，尚存疑問。天啓元年（一六二一），杭州城發生火災，重編説郛板片旋即分散，遂爲書商所購。書商以這部分板片爲基礎，修補增刻，編印數種叢書，如廣漢魏叢書、重編百川學海、續百川學海、廣百川學海、煕朝樂事、遊藝備覽等。崇禎年間，重編説郛的書版被人搜集起來，由分而合，挖削增補，特别是挖去了校閲者姓名，其後重新印售。明亡，重編説郛板片仍存於杭州。順治三年（一六四六），浙江提學道李際期整理舊版，重定印行，是爲清代通行本説郛的祖本。此後板片遞有損毁，並且因其中部分書目關涉違礙禁忌之語，重編説郛屢經删改，各個印本互有不同，康熙年間，其板最終由合而分〔二〇〕。

重編説郛較陶宗儀原本説郛而言，所收書目的數量大大增加，只有四百余種與陶宗儀原本相同，其餘則皆爲重編者所增。對此，昌彼得認爲，這是抄本之誤所致：

楊維楨説郛序云：「陶九成取經史傳記下迨百氏雜説一千餘家」，此處「一千餘家」，重編説郛本楊序刻作二千餘家，殆其所據抄本之訛。重編説郛者既未能獲見郁本之全書與全目，因此序有二千餘家之説，於是廣搜博采，流傳之叢刻雜纂，無不囊括，欲符其數。〔二一〕

由是，女誡和女論語本非陶宗儀原本所收，而是編纂重編説郛的人在「廣搜博采」的「凑數」過程中收入其中的。而其所據的底本，亦如重編者不知何人，無從考究，或爲彼時坊間流行之本。

與重編説郛同時期一並收録女誡和女論語的幾部叢書，與重編説郛本是何關係，文獻絶少記載，只能通過刊印情況探究一二。續百川學海，爲明人吴永仿照百川學海體例編著的大型叢書，内收各類野史雜説、掌故瑣記。緑窗女史，凡十四卷，明末秦淮寓客輯，是一部以女性爲主題的叢書，内容以前代傳奇和筆記小説爲主，另涉女子儀範、妝容、勞作、撰著等。居家必備，凡八卷，不知何人所輯，是一部供時人參閲的生活指南，内容包括家儀、懿訓、治生、奉養、趨避、飲饌、藝學等。

將三書中所見女誡和女論語與重編説郛中的兩書進行比對，不難發現其行款與重編説郛完全一致，皆半葉九行，行二十字，左右雙邊，白口，單魚尾。字體爲明末浙江地區流行的瘦長方體字。以續百川學海、緑窗女史、居家必備三書中的女誡和女論語部分與上海古籍出版社説郛三種影印本中的重編説郛本兩書相互比對，可以看出，除清晰程度有所差别，版裂之處幾乎完全相同，初步判斷是使用同樣的一組板片進行印刷的。

明末書坊，甲乙互鬻屢有發生，同一套版片，可能被不同的書肆用以印刷，出現在不同的書籍之中。需要説明的是，重編説郛與續百川學海、緑窗女史、居家必備均有多個印本存世，在初印本不存或無法判定哪一部爲初印本的情况下，僅憑比對版面，能夠得到的信息是寬泛的。我們無法準確地推斷這套版片何時用於印刷重編説郛，又在何時用於其他叢書，僅僅能夠確定，在這幾部叢書中出現的女誡和女論語，使用了同一套版片印刷而成。因此，這幾個版本之間是前後印本的關係，並非相互獨立的版本系統。

三、女誡的注釋與刊刻

東漢班昭所著女誡是中國歷史上第一部由女子撰寫的女教書。成書以來，受到中國古代歷朝歷代的重視和推崇，後世學者積極闡發書中要旨大義，將其作爲女子教育中必不可少的讀物之一。

女誡全文收録在范曄後漢書班昭本傳，爲其書流布之始。唐宋時期的諸官私目録中，隋書經籍志、兩唐書藝文志、直齋書録解題、遂初堂書目、文獻通考經籍考〔三〕、宋史藝文志等諸部官、私、史志目録中，均著録有單行本或與其他子雜類著作合編的女誡，明代文淵閣書目和秘閣書目亦有著録。明清時期，多位學者爲女誡添加了更加通俗易懂的注釋，其中，以王相女四書集注本流傳最廣。

（一）南宋時期的女誡

經歷了晚唐五代的戰亂，宋儒開始著力於社會秩序的恢復與重建，女子的言行舉止亦成爲禮教所規範的重點之一。繼司馬光居家雜儀指導女子言行，南宋時期，朱熹開始提倡女誡「有補世教」〔二三〕的意義。朱熹晚年，他的門人談及教育女子的話題，認爲「自孝經之外，如論語，只取其面前明白者」教導女子即可。對此，朱熹回應，班昭的女戒（即女誡）和司馬光家範二書，也是可以使用的課本〔二四〕。朱熹的好友理學家吕祖謙也認同女誡教導世人的作用。

在朱熹看來，弟子職和女誡二書分别是「小兒」和「小女」的必讀書，可「輔成世教」〔二五〕。他首先將整理完成的弟子職和女誡交給建寧府知府傅自得一併刊印。「刻成之日，當以弟子職、女誡各爲一秩，而皆以雜儀附其後」〔二六〕，這樣，無論男女，均能通過弟子職或女誡知曉道理的意涵，隨後藉由雜儀理解具體的儀行。淳熙元年（一一七四），在朱熹的倡議之下，傅自得主持刊刻了弟子職和女誡，由福建路轉運司刊印成書〔二七〕。

弟子職和女誡雕梓成書後，朱熹將二書寄至吕祖謙處，表達出將二書交付「書肆摹刻，以廣其傳」〔二八〕的願望，並希望吕祖謙於書後題詞。吕祖謙閲後，認爲女誡「句語蓋多有病」〔二九〕，回信詢問朱熹女誡是否經過删改，其意或是希冀女誡再次刊印之時，能夠删修語句訛誤或不當之處。不過，此事隨後却被擱置一旁，直到淳熙八年，朱熹致劉清之的一封信（與劉子澄）中，才再次提及女誡的刊刻，討論女誡印刷的得失，信中言道：

弟子職、女戒本各爲册，而皆以雜儀附之。令人家小兒女各取一本誦讀爲便也。今此册爲印者所併，又缺雜儀一本，不容復改。〔三〇〕

從這段話中，我們可以悉知淳熙元年之後女誡的某一次印行情况。朱熹此前寄與吕祖謙的弟子職和女誡是淳熙元年福建路漕司版印的本子，二書各爲一册，並分别附以雜儀，這是遵循朱熹願望的設計。而答劉清之信中所言的本子，弟子職和女誡被印刷者合併爲一册，且缺少雜儀一本，可能是弟子職、女誡和雜儀三書合爲一册的樣貌。朱熹的信中没有表明這是二書的另一次雕版，而裝訂的變動則是「印者」所爲。因此，淳熙元年本女誡與由於裝訂的變動而産生的淳熙八年本女誡，很可能只是同一版片的前後兩個印本而已。

朱熹所整理的女誡，可能經過兩次印刷，但是似也没有如他所願，大規模流行於世。此南宋淳熙本女誡没有存世，今已散佚，不復得見。

受到朱熹的影響，女誡被學者編入戒子通録和小學五書兩部家訓叢書中。戒子通録是南宋人劉清之編纂的一部家訓總集。劉清之，字子澄，號静春，江西臨江（今江西省樟樹市）人。宋史劉清之傳稱其「甘貧力學，博極書傳」〔三一〕。生平著述頗豐，只有戒子通録一書流傳至今。戒子通録的編纂受意於朱熹。朱熹編完小學後，建議劉清之「集史傳嘉謨善行與宋氏諸儒之格言，爲戒子通録」，以作階庭講學之用〔三二〕。四庫全書總目評價戒子通録：「博采經史群籍，凡有關庭訓者，皆節録其大要，至於母訓閨教，亦備述焉。」〔三三〕

戒子通録鮮見於南宋之後的諸家書目，明代晁氏寶文堂書目僅著録書名及編者〔三四〕，文淵閣書目載有戒子通録兩部，一部一册，一部二册〔三五〕，闕失不存，卷數與編次均不得而知。戒子通録在南宋時曾有「湖湘版」，至元代已散佚。元人認爲此書「有助名教」，欲廣其傳，曾兩次刊刻，有大德四年的高棟刊本和元統年間的劉徹刊本〔三六〕。但是，這兩個刊本也漸次散佚。明代，戒子通録被收入永樂大典，清人編修四庫全書之時，將其從永樂大典中輯出，重新分卷編次，同時增補部分遺闕的作者小傳，是爲今天可以看到的唯一版本。四庫本雖然不是南宋本的原貌，但是仍然保存了許多原書的内容。

在四庫全書中，戒子通録屬於子部儒家類，共八卷。内容分爲兩類，前七卷爲父訓，凡一百三十六篇，第八卷爲母訓，凡三十五篇，共一百七十一篇。每篇訓誡包括標題、作者、作者小傳及正文内容，間有個別篇目没有標題。女誡屬於母訓。其中，班昭小傳節略自後漢書班昭本傳。正文前無班昭自序，無章名，每章與前一章之間空一格，以示另爲一章。四庫本戒子通録的女誡中，有一條校記。第二章夫婦「夫不御婦，則威儀廢壞」後之注釋曰：「按：廢壞，漢書作廢缺。」這説明選編女誡之時，戒子通録没有直接使用後漢書中的女誡，其底本可能另有來源。

小學五書凡一卷，收録弟子職、女誡、吕氏鄉約、鄉禮、居家雜儀等五書。編者張時舉，字文實，生平不見史傳，（淳熙）三山志載其爲閩縣（今福建省福州市）人，乾道八年（一一七二）進士〔三七〕，紹熙年間曾任漳州州學教授〔三八〕。

小學五書的南宋刻本今無傳本，直齋書録解題、文獻通考經籍考、宋史藝文志皆著録。明末毛晉汲古閣影鈔宋本小學五書由清代内府收藏，天禄琳琅書目影宋鈔本著録〔三九〕。此本後輾轉多人之手，流傳至今，藏於中國國家圖書館〔四〇〕。

小學五書本女誡正文之後，有唐章懷太子的注釋。正文與注文全取自後漢書。但其祖本爲哪一版本的後漢書，仍需進一步考察。近年，宋刊正史研究的推進，使得學界對正史版本的演變和流傳，有了更加準確的認識。經尾崎康考訂，北宋版後漢書已散佚無存，舊稱「景祐本」後漢書應是「南宋初據景祐修訂本重刻」〔四一〕。南宋初年覆刻北宋版，雖成於倉促之間，「然今日觀之，則覆刻本能傳北宋本原貌，因仍北宋版優良文本，爲後世傳存善本，價值最高」〔四二〕。國圖藏「北宋刻遞修本」後漢書殘本三部，屬「景祐本」之同版〔四三〕，其中一部中保留的女誡（卷八四）爲南宋初原版。今參看中華再造善本影印本，影印刊記爲「原書板框高二十一點二釐米，寬十五點四釐米」，目録首頁鈐有「宋本」朱楕圓印、「鐵琴銅劍樓」朱方印及「汪士鐘曾讀」朱方印。

張時舉乾道八年考中進士，紹熙年間任漳州州學教授，則其主要活動於高宗朝之後。南宋紹興本後漢書成書於孝宗時期〔四四〕，是「景祐本」系統之外，後漢書另一版本系統的來源。儘管我們難以知曉小學五書的編纂時間，但從已知張時舉的人生經歷，或可推測，他編書之時，紹興本後漢書已經刊刻完成，他可能看到景祐本或紹興本的後漢書。比較影宋鈔本小學五書、景祐本後漢書和紹興本後漢書三者所收女誡，可知其異同。其一，小學五書本缺注釋一條，即女誡末章和叔妹的最後一條注釋。其文曰：「韓詩周頌之言也。射，厭也。射音亦。毛詩『射』作『斁』也。」後漢書中具存。或是宋刻小學五書漏刻，或是毛氏影鈔之誤，已不可考。其二，字句相異。如卑弱章「習其所有事於紡績也」、「於以奠之，宗室牖下」，小學五書與「景祐本」相同，與紹興本相異。或可推測，小學五書本參用了「景祐本」後漢書中的女誡。

家訓叢書外，女誡還被節選入南宋人陳鑑所編的一部漢代文集兩漢文鑑。陳鑑，字明之，閩縣（今福建省福州市）人，自稱建安石壁野人，慶元二年（一一九六）進士〔四五〕，其餘生平事蹟未詳，編著有漢唐史節、唐文鑑等，今僅兩漢文鑑存世。宋代科舉考試的内容之一是史事典故，因此漢唐正史是科考士子的必讀書。兩漢文鑑編纂即爲方便「場屋之用」。陳鑑以「漢唐三史，連編累牘，寸晷之間，何能遍覽」，遂節選書中要言大義，編成漢唐史節。其後，面對史傳之中名公鉅卿的「忠言嘉謨」，陳鑑不敢妄加節略，「是以别爲一編」〔四六〕，這便是兩漢文鑑的由來。

兩漢文鑑以西漢、東漢各爲一帙，每帙按帝王朝代編次。女誡位於卷九安帝朝的最後一篇。儘管陳鑑聲稱「名公鉅卿忠言嘉謨」不敢「妄加節略」，但編選之時，也進行了一定程度的删節，「或取之選，或取之粹，或取之集中」，偶有删減篇幅較大的情況。清人阮元即批評東漢文鑑「其文皆采自史傳，不無删節之病」〔四七〕。其中，女誡取自後漢書班昭本傳。無作者小傳。陳鑑根據女誡班氏原序，取其撰著女誡緣由與要旨，成小序一篇，列於標題之下。女誡全文則經過編者大幅删減，縮短至原文的一半。東漢文鑑雖然編成於宋代，但是其中的女誡删減過度，其餘字句與後漢書幾乎無異，因而閱讀、校勘價值不大。

(二)明清時期的女誡

明清時期，隨著女教書數量的增多，女誡一書更加受到人們的關注和重視。最爲突出的表現在於，這一時期出現了數種女誡注本，與此同時，女誡還被收入各類叢書之中，流傳甚廣。不過，見諸目録的女誡數量並不多，藏書家所見版本大多也没有流傳至今。

明代以前，女誡注釋僅有一種，即後漢書章懷太子注，小學五書全取其注。其餘版本，或爲白文，或爲經過删減的白文，皆無注解。自明代起，學者認爲女誡原注過於簡潔，且有艱澀難懂之處，不便女子閲讀，遂重新注釋女誡。明清時期便出現了女誡的多個注本，除對後世影響巨大的王相女四書集注，張居正和趙南星分別作女誡直解一部。

萬曆六年（一五七八），神宗大婚，李太后命張居正「直解漢班昭所著女誡，以教宫闈」〔四八〕。直解，意指以直白通俗的語言進行注解，這是女誡直解的撰著緣由。張居正去世後，其子張嗣修、張懋修等整理編纂張太嶽集，於萬曆四十年（一六一二）前後刊刻行世。萬曆刊本張太嶽集卷十一收録女誡直解時，編者並未與其命名。光緒年間田楨重刻時，認爲女誡直解「本自爲書，不必攙入文集」，附於全書最後一册〔四九〕。

萬曆本女誡直解半葉十行，行二十字，白口，單魚尾，四周單邊。其後照録萬曆皇帝御製女誡序。全書主體包括班昭自序和正文七章。據李媛統計，張居正作直解時，將女誡原文分割成四十六句，引用一句女誡後，以多出原文三到五倍的文字進行通俗解説。連同注釋，共計約六千餘字。「每章前概述該章大體内容，以及何以如此安排章節，然後逐句引女誡原書内容，先解釋每句中的關鍵字，最後整句連貫解釋，……讀來如講授記録，有很强的口語性，通俗易懂。」〔五〇〕女誡原文部分退兩格，其後注釋另起一行，頂格以示區分。

女誡直解正文部分所用底本今已無從考證。光緒年間，田楨重修張居正文集，刻成張文忠公全集，亦未知正文所據版本爲何，僅以殿本後漢書校訂之：

女誡原文與後漢書字句互異者多，不知當時所據何本。兹就其無關大誼者，輒據殿本後漢書校正。惟中有五條，依文解説，未敢僭易。謹注後漢書原文於下，以備考訂。〔五一〕

張敬修爲父親文集做序時，曾言張居正著述「尚有帝鑑圖説、四書直解、書經直解、通鑑直解，板具在内閣」〔五二〕，女誡直解是否刻版則無明確記載。劉若愚酌中志内板經書紀略載明内府藏書女誡直解四十八頁〔五三〕，此或爲張居正之作。

明中後期，儒家學者趙南星亦作曹大家女誡直解。趙南星（一五五〇—一六二七），字夢白，號儕鶴，高邑（今河北省高邑縣）人，明代政治家、文學家。生平著作頗豐，編注經史，如兩漢書選、中庸正説、離騷經訂注等，訓誡類著作則有教家二書（三字經注和女兒經注）、曹大家女誡直解等，詩文集爲味檗齋文集、趙忠毅公詩文集。

曹大家女誡直解不見於明清諸家書目，近人邵章增補邵懿辰四庫簡明目録標注時，添入萬曆刊本曹大家女誡直解一卷〔五四〕。中國叢書綜録著録曹大家女誡直解一卷，收於趙南星集味檗齋遺書〔五五〕。今國圖藏清初刻本趙南星全集一部，由趙南星的門人及子嗣編成，共二十册。全書行款不一，蓋取用多種已有書版合印而成。第十七册有曹大家女誡直解一卷。

趙氏女誡直解最晚成書於萬曆十五年，書成之後，趙南星作跋一篇，其文曰：

曹大家之文甚古，女誡不及他文，乃欲其女之易曉耳。然尚未易曉也。余是以解以俗語。俗語未必一一皆合於古解，容有未悉者，要在女子知其大義，仿而行之，以爲淑媛賢婦，在於存心定志，豈在言語文字間哉？〔五六〕

由是而知，趙南星認爲，班昭作女誡，僅僅希望她的女兒能夠閲讀並理解文意，因此不像其他文章那樣文辭高古。但是對於明代的女子而言，女誡仍讀來非易。於是，趙南星便以俗語解釋，目的在於使女子「知其大義，仿而行之」。女誡直解包括班昭自序及正文七章。前有班昭小傳，序文與正文共分爲八章，每章女誡原文頂格書寫，文中雙行夾注訓詁字義。原文之後退兩格，另附解説，文辭近乎白話，著實易曉。曹大家女誡直解主要編録於趙南星全集之中，後世流傳較少。

關於王相女四書本女誡，胡文楷歷代婦女著作考曰：

案明萬曆八年（一五八〇），神宗以此書簡要明肅，足爲萬世女則之規，俾儒臣王相批注，與仁孝文皇后内訓二書合刻，頒示中外，前有神宗皇帝御製序文，其後與宋若昭之女論語，王節婦劉氏之女範捷録合刻，爲閨閣女四書集注，有九經堂刊本、多文堂重鐫本、居家必備明瞿佑九十八種本。〔五七〕

胡文楷的這段著録有兩個問題，其一，神宗授意王相批注女誡、内訓，實乃謬誤，萬曆皇帝的御製女誡序，實際上是爲張居正女誡直解所作，王相編纂女四書時，將這篇序言挪用於女誡之前；其二，前文已經説明，多文堂重鐫閨閣女四書集注時間在康熙二十三年（一六八四），並非明代，其中女誡部分使用的九經堂所刊本，是在奎壁齋本的基礎上翻刻而成的。

女四書本女誡前有明神宗御製女誡序，其後爲班昭自序和正文七章。王相從班昭自序開始，逐句注釋，首先進行字詞的注音釋義，之後詳細闡釋句中道理所在。女四書本女誡獨特之處有二：第一，女誡之前，有萬曆皇帝御製女誡序，這也成爲後世女四書本女誡中一個固定的組成部分。第二，王相將女誡第三章章名由「敬慎」改爲「敬順」，爲後世女四書所沿襲。此前諸多版本的女誡第三章均名爲「敬慎」。

四、内訓版本源流考

明成祖仁孝皇后徐氏（一三六二——一四〇七），明史本傳稱她「幼貞静，好讀書，稱女諸生」〔五八〕，深受高皇后馬氏的喜愛。「靖難之役」後，朱棣即位，册封徐氏爲皇后。永樂五年（一四〇七），徐皇后因病去世，年四十六歲。所著内訓爲明代宫廷女教必讀書之一，不僅爲宗親藩王用以教育子嗣，也受到文武臣僚的認可和稱讚，成爲明代十分重要的女教著作。清代官方將其收入四庫全書。

内訓一書的版本及流傳，學界尚缺乏系統的研究。本節試圖梳理内訓在明清兩代的刊刻情形，展現時人對此書作用的認識。另外，在前人關於北平圖書館甲庫善本運美遷臺研究的基礎上，考察原北平圖書館藏永樂刻本内訓的遷轉命運，並考辨中國國家圖書館所藏明刊善本内訓與嘉靖内府本的關係。

（一）内訓之成書與刊行

内訓徐氏自序稱，其深受朱熹童蒙教育思想的影響，自覺「賢婦貞女」的培養應基於良好的教育。雖然世有女誡、女憲、女則等教女之作，但仍未有較爲全備的女教之書，遂「用述高皇后之教，以廣之爲内訓二十篇，以教宫壼」〔五九〕。這是徐氏編撰内訓的初衷，其核心目的在於教育宫廷女性。

考明實録及徐氏自序，内訓的撰寫始於永樂二年冬。永樂三年正月望日，徐氏作序一篇，標誌此書的完成。「書成未上」，直到永樂五年七月，徐氏去世，皇太子將内訓進呈明成祖閲覽，皇帝方知皇后的撰著成果。明成祖「覽之愴然，命刊印以賜」。當年十一月，又「以仁孝皇后内訓賜群臣，俾教於家」〔六〇〕，可知内訓刊成在永樂五年七月至十一月之間，是爲永樂五年内府本〔六一〕。楊士奇文淵閣書目成書於正統六年（一四四一），反映了明初内府的藏書情況。其中著録仁孝皇后内訓兩部，「一部一册完全」，「一部一册闕」〔六二〕，即爲永樂年間刊行的内府本内訓。

就内容而言，内訓正文之間夾雜小注。四庫全書總目提要言「各章之下，系以小注，多涉頌揚，當爲儒臣所加」〔六三〕，然考實録，注文爲何人所作，明中葉便已不能知曉。嘉靖九年（一五三〇），内閣輔臣張璁與禮部商議，建議皇帝將高皇后傳和内訓兩書，與蔣太后所著女訓一同刊佈，並稱「其内訓注文，或文皇后自注，或當時女史所注，皆未可知」〔六四〕。「訓釋」内容如張璁進言「俱各純正，可使天下後世女子易曉」，以疏通文義爲主，亦非如提要所稱「多涉頌揚」，這是四庫館臣對於明代圖書編修的偏見。注釋内容主要有三：首先注音釋字；其次詳細申説本段正文的含義，或從反面講解不遵循此種做法的不良後果，或説明本段之中所引經典的出處和文意；最後添加注文中生詞僻字的注音。

永樂五年内府所刻内訓即爲後世諸本的祖本。南雍志卷十七經籍考編録明中期南京國子監所藏官書種類及書目，其中，永樂年間頒行的内訓尚有大字本三十本，又有一本不全，小字本十九本，共計四十本〔六五〕。由此可知，永樂年間刊行的内訓有大字本和小字本兩種，即後世所謂「明官刊大字本」和「明官刊小字本」。至今存世的内訓爲明官刊大字本，原是北平圖書館甲庫善本藏書。在時局動盪的二十世紀上半葉，這部書越洋赴美，又遷轉至臺，現藏於臺北故宫博物院，其曲折命運將於下文詳述。這部明初官刊的善本爲蝴蝶裝，序言部分半葉七行，行十七字，四周雙邊，細黑口，單花魚尾。正文部分半葉八行，行十七字，小字雙行同，四周雙邊，細黑口，單花魚尾。序言和第一章首頁下方分别鈐有「京師圖書館收藏之印」朱長方印。

在頒賞群臣和南京國子監之外，作爲皇室子孫閲讀、學習的女教範本，永樂本内訓也進入皇帝分賜藩府的書目。例如，弘治九年（一四九六）十一月丙寅，「賜遼府長垣王恩鉀大明仁孝皇后内訓及資治通鑑綱目各一部」〔六六〕。正德三年（一五〇八）八月庚寅，「賜蜀府華陽王仁孝皇后内訓、聖學心法各一部」〔六七〕。

除了國内的傳佈，内訓在成書的次年，便流傳至鄰國日本。永樂六年五月乙丑，「日本所遣僧圭密等陛辭，致其王之言，請仁孝皇后勸善、内訓二書，命禮部各以百篇之，並賜其玉幣彩等物」〔六八〕，是爲内訓東傳日本的發端，日後還漸漸成爲日本女四書中的一部。由此，内訓在明代中前期，實現了由中央至地方、由國内至海外的流傳。

嘉靖九年（一五三〇），明内府第二次主持刊刻了内訓，是爲嘉靖内府本。嘉靖皇帝以正德皇帝堂弟的身份即位登基之後，遂就「繼統」和「繼嗣」的問題，與朝臣展開「大禮議」之争，最終以嘉靖皇帝的勝利而告終。其生母蔣氏因而成爲皇太后，所著女訓一書迅速受到朝臣的追捧。張璁等人建議皇帝爲此書作序，並與高皇后傳、内訓二書一同刊行，頒佈中外，這便是明代内訓第二次刊行的緣起。嘉靖九年九月，「上遂諭璁等以三書付部臣一體刊佈，以廣内教」〔六九〕。其年十二月，三書刊刻完畢，嘉靖皇帝隨後親自爲女訓作序〔七〇〕。儘管朝臣建議皇帝爲高皇后傳和内訓「御製後跋，以紀歲月，以見二書頒佈，皆我皇上繼述大孝所存」〔七一〕，但是嘉靖皇帝似只爲女訓作序，而今見諸本内訓，只有徐氏自序一篇，後無皇帝跋文。

永樂與嘉靖兩内府本的刊行緣由有所不同，出版形式又有單行與並行之異，裝幀形式、行款與版本樣貌亦有些微差别。中國國家圖書館藏有明刊本内訓一部，中華人民共和國成立後入藏。筆者認爲，此本應爲嘉靖内府本，論證詳於後文。永樂内府本爲蝴蝶裝，嘉靖内府本則爲綫裝。序言部分，永樂本爲七行十七字，嘉靖本爲六行十四字。永樂本爲單魚尾，嘉靖本爲對魚尾。兩個版本正文部分均爲八行十七字，小字雙行同。國圖所藏嘉靖内府本序言首頁下方有「北京圖書館藏」、「張雲慈印」、「慮叟」三印。

筆者搜集並查閲過的諸本内訓中，國圖所藏楚府正心書院本爲明代藩府刻本。其書行款、版式與上文所述嘉靖内府本相同。國圖將此本内訓與蔣氏女訓著録爲同一條目〔七二〕，説明著録者認爲，兩書爲合刊之本。女訓末頁牌記云「楚府正心書院重刊」，乃明代楚王府翻刻嘉靖内府本而成，則内訓也應據嘉靖内府本翻刻。内訓序文首頁及女訓末頁分别有「北京圖書館藏」朱方印。

明代諸多版本内訓中，官刻數量遠多於民間刻本，又以内府本數量最多。明末藏書家祁承㸁澹生堂藏書目著録内訓全書一部，包括仁孝皇后内訓、唐鄭氏女孝經、女論語、朱天球女範、七言孝經、訓女四字經、訓女三字經、女小學和王氏女教〔七三〕等八種女教著作，僅有書名及著者，不知刊印詳情。

總體而言，由於内訓爲明成祖皇后徐氏之作，官方對其非常重視，兩次主持刊刻，並分發各地王府和官府。有明一代，内訓的刊刻以官刻爲主，明代民間刻本的數量極爲有限。

（二）清代諸版本内訓

清代乾隆朝編纂的四庫全書，不僅是全國圖書的搜訪調查，也是官方意志作用下的學術整合。作爲明代敕撰的女教書，内訓受到了清代官方學術的認可，入選四庫全書，類屬子部儒家類。儒家類小序突出儒學在諸家學術中的正統地位，言「凡以風示儒者無植黨，無近名，無大言而不慚，無空談而鮮用，則庶幾孔孟之正傳矣」〔七四〕。符合如上學術旨歸並具有實際作用的書目，方可入選正目。内訓既入正選，説明在四庫館臣看來，此書内容純正、實用，可作「孔孟之正傳」。通覽子部儒家類書目，内訓是唯一的女教之作，也是唯一由女子撰成的書籍。

現存有關四庫全書編纂的材料可反映内訓被編入四庫全書的經過。遵照乾隆三十九年（一七七四）七月二十五日上諭，四庫全書總目提要於書名之後標注該書「系何人所藏」〔七五〕，以便讀者知曉該書的來源。四庫本内訓爲兩江總督采進本。又據四庫全書總目提要及文淵、文溯、文津等閣書提要，四庫所收内訓是「明初刊本」。若四庫館臣判斷準確，則此明初刊本當指永樂内府刊本。

修纂四庫全書工程浩大。各省采進之書，由四庫館統一校訂，館臣分别撰寫提要。篩選完成後，四庫全書總共抄寫七部，分藏南北七閣。關於四庫提要，按照完成時序的先後，可分提要分纂稿、閣書提要和總目提要三類。一般認爲，先有提要分纂稿，再有閣書提要，最後編纂、統一形成總目〔七六〕。内訓一書提要分纂稿、閣書提要和總目提要三者俱存，便於考察三類提要之差異。

内訓提要分纂稿由翁方綱撰寫：

明仁孝皇后内訓二十篇，明成祖徐皇后撰。后爲中山王達長女，好讀書，謚曰仁孝皇后。嘗采女憲、女誡作内訓，又類編古人嘉言善行作勸善書頒行天下。是書前有永樂三年正月自序一篇，中復申以訓注，綴以音釋。應存目。〔七七〕

分纂稿摘用明史徐皇后本傳介紹作者生平及著作，並簡述其書内容。最重要的一點是，翁方綱認爲，内訓應爲「存目」之書。後經過四庫館臣的協商，内訓被重新定爲正目之選，最終進入四庫全書。

内訓的閣書提要與總目提要完成時間有先後之别，除文津閣書前提要删去了二十章章名，其他内容總體無大差别，而總目提要對閣書提要進行了文字精簡。與提要分纂稿相比，閣書提要和總目提要擴充了不少内容。以總目提要爲例，提要中增添了内訓二十章章名。另外，考辨了内訓成書在永樂三年，初次刊刻時間則爲永樂五年，非像明史徐皇后本傳所言的永樂三年，並指出明史藝文志的錯誤。

明末清初學者王相編纂女四書集注，將女誡、内訓、女論語和女範捷録四書並列，並自作箋注。他删除了内訓原注，代以新的更加淺顯易懂的語言。這樣的編排方式，模糊了這四部書的内在差異，使讀者容易忽視各書的撰寫初衷和受衆群體。這也在一定程度上影響了今人對内訓價值和地位的判斷。四庫全書的編纂讓我們認識到，除了有資女教的籠統作用，内訓貼切儒學正統，内容純正，在清代學術體系中也佔有一席之地。

四庫全書的修纂，影響了清代中晚期上至官府、下至民間的學術走向和閱讀選擇，四庫本内訓也被其後的墨海金壺和珠叢別録兩部叢書收録刊行。二書繼承四庫全書體例，内訓均隸屬子部儒家類。

墨海金壺，張海鵬輯刻，刊成於嘉慶年間。該書與四庫全書之淵源可從凡例條目中看出。第一條云：

是編悉本，四庫所録凡僞妄不經之書，概不采入。〔七八〕

第二條云：

諸書系文瀾閣本居多，從宋刻舊抄録出者什之三。而一書之原委，作者之意旨，考核論斷，必期折衷至當，故皆録。四庫提要以冠卷端。〔七九〕

由此可知，張海鵬主要依據藏於杭州的文瀾閣本四庫全書抄録選書，删去僞妄之作。所收之書，書前冠以四庫提要，可謂四庫全書的精選精編本。内訓由此被選入墨海金壺。

張海鵬去世後，墨海金壺版片歸爲錢熙祚所有。錢氏一方面認爲墨海金壺所收之書爲世間所稀見，值得再版重印，另一方面又覺墨海金壺有校讎不精的缺陷，因此決定在此基礎上重校重刊一部，這便是世人所熟知的守山閣叢書〔八〇〕。守山閣叢書刻成後，錢熙祚認爲「向輯守山閣叢書，不無遺珠之憾」〔八一〕，故又在守山閣叢書之外，另刻一部補充前作的叢書珠叢别録。道光十五年（一八三五），錢熙祚與張文虎、錢熙泰、顧觀光、錢熙咸、李長齡等六人相約至文瀾閣抄校圖書兩月有餘〔八二〕，内訓或許也在此次抄校範疇之中，故珠叢别録中的内訓，同樣源自文瀾閣本四庫全書，但珠叢别録中的内訓没有收録徐氏自序。

四庫全書本内訓以明初刊本爲底本，或即永樂初刻本。那麽，自永樂内府首刊内訓，四庫全書可視爲其在清代官方的延續，並下及四庫本的後續分支墨海金壺和珠叢别録。内訓的官方版本跨越了明清兩代，流傳有序，全無間斷，構成了一條由官刻本向民間刻本延伸的脈絡。

清代的民間刻本内訓，以王相女四書系統及牖蒙叢編本爲主。女四書集注刊行之時，四庫全書尚未編纂，内訓並非本自四庫全書，而是沿襲了明代的版本。因此，在内訓的版本脈絡中，女四書本内訓是清代民間流傳的一個獨立的版本系統。

女四書中，内訓的序文前有王相所撰徐皇后小傳。序文作「御製序」，即徐皇后自序。王相捨棄了内訓原注，重新進行注釋。序文與正文之中夾雜的王相注，是此前内訓没有的部分。王相注文較原注更加通俗易懂，總結説理的内容增多。王相對内訓進行了改動，他調整了第六、七兩章的章節順序，永樂内府本第六、七章分别爲警戒、節儉，而在女四書中，内訓的第六、七章分别爲節儉、警戒。奎壁齋本女四書刊行後，清代至民國的女四書，皆以此爲祖本。

光緒年間，王錫棋匯輯新舊童蒙書籍，編成牖蒙叢編，最後一卷女學收録内訓。此本内訓無徐皇后自序，僅有正文，没有注釋，書名下小字曰「王相女四書本有注」，章節順序亦與王相女四書本相同。可知牖蒙叢編本内訓摘用了女四書本的内容，是女四書本内訓的後續版本。

（三）原北平圖書館藏永樂刻本内訓的命運

臺北故宫博物院的收藏證明了永樂内府本内訓的存世，此書也正是筆者查閲的最爲重要的版本。書頁所蓋藏印僅有「京師圖書館收藏之印」一枚，别無其他機構或私人藏印。那麽，這一京師圖書館舊藏如何流轉至臺灣？此本又與原北平圖書館甲庫善本藏書是何關係？

二十世紀三十年代北平圖書館的藏書，要從京師圖書館的籌建説起。宣統年間，内閣大庫清理圖書，後將這批藏書轉交清學部，以此爲基礎著手籌建京師圖書館，由繆荃孫主持館務。故京師圖書館之善本主要源自清代内閣收藏〔八三〕。繆荃孫據館内典籍編成清學部圖書館善本書目，其後，江瀚京師圖書館善本簡明書目、夏曾佑京師圖書館善本簡明書目和趙萬里北平圖書館善本書目，均在繆目基礎上增修而成。

考清學部圖書館善本書目，子部儒家類著録官刊本内訓一卷，内容簡略，未注明版本樣貌等信息。繆目之後，京師圖書館館長江瀚編修京師圖書館善本簡明書目，然未正式刊行，日本學者高橋智將此簡目稿本全文翻印發表，並進行補注，終使世人得見全目〔八四〕。江瀚所編簡目最突出的優點是標明每種書的來源，内訓條注明爲「清内閣書」，當時的京師圖書館存有「官刊大字本蝶裝共二部」〔八五〕。可以確知，京師圖書館所藏永樂本内訓原爲清内閣之收藏。

一九一六年，夏曾佑任京師圖書館館長後，重新釐定舊有善本書目，編成京師圖書館善本簡明書目，正式出版。該目被認爲是「北京圖書館編制並正式出版的第二部善本書目」。一九二八年，京師圖書館更名北平圖書館，隨後又與北海圖書館合併，定址文津街。館藏善本日漸增多，趙萬里主持新一輪的善本編目和整理工作時，精選宋元舊刊及明初善本入藏善本甲庫，所成專目即一九三三年出版的北平圖書館善本書目，未入選甲庫者編入善本乙庫。一書有多部的情況，則選留一二部，其餘放入重複書庫。

一九三四年發表的北平圖書館善本書目新舊二目異同表，詳細記録了甲庫善本之分放情況。内訓條云：

内訓一卷，明仁孝皇后撰。官刊大字本蝶裝十五部。此十五部，新刻書目編入一部，餘另存重複書庫。〔八六〕

這次對内訓的整理與調整呈現在北平圖書館善本書目中，子部儒家類載：

大明仁孝皇后内訓一卷。明成祖后撰，明永樂刊本。〔八七〕

從中可知，北平圖書館甲庫善本中藏有永樂内府本内訓一部，蝶裝，其餘入重複書庫。一九三二年，李晉華在北平圖書館借閲内訓，見「明刊本一部一册，每半葉八行，行十七字」〔八八〕。此即爲甲庫善本所藏的永樂内府本。

九一八事變後，日軍自東北南下，華北局勢日見動盪，民國政府策劃古物南遷，北平圖書館甲庫善本書籍被運往上海。然而上海亦不是安全之地，時任北平圖書館副館長袁同禮與駐美大使胡適商議，欲將善本書籍運往美國，暫由美國國會圖書館代爲保管。由於善本書目過多，無法全部運至美國，王重民與徐森玉精選出一百零二箱，由錢存訓通過私人關係以美國國會圖書館所購新書的名義偷渡出關，終於在一九四二年送抵美國。美國國會圖書館代北平圖書館保管期間，拍攝了數份微縮膠捲，善本原件則於一九六五年遷運至臺灣，入藏臺北故宮博物院〔八九〕。没有運走的部分善本書籍，抗戰結束後陸續回歸北平圖書館。

永樂内府本内訓鈐有京師圖書館藏印，且現藏臺北故宮博物院，有理由推測，這部内訓當年入選甲庫善本，作爲一百零二箱善本之一，東渡至美國，繼而遷運至臺灣。然而，美國國會圖書館拍攝的微縮膠捲目録中，並無内訓名録。一九六七年編印的「國立中央圖書館」善本書目也無此書蹤跡。二〇一三年，國圖編選影印原國立北平圖書館甲庫善本叢書，收録藏於臺北和國圖的原北平圖書館甲庫善本書目，但是，依然没有翻檢到内訓一書。朱紅召曾指出甲庫善本書籍運美遷臺的一些疑問：

北平圖書館在一九四一年三月爲即將運美保存的善本書編製了書目，然該清册僅一〇〇箱之目，而實際運出者爲一〇二箱，這意味著運往美國的善本中有二箱無法核對，這些書最終有没有全部運到臺灣，畫上了一個難解的問號。在「中央圖書館」將善本書的影本展出之後，各方學人曾以其在北平圖書館獲睹之珍本典籍見詢，而檢運返書中，往往無有，此種情形，時有發生。〔九〇〕

運美遷徙的善本書目，由北平圖書館編寫清單（清册），「二份隨書帶美，一份存滬，一份由港傳渝」，除最後一份淪陷香港，前三份至今存世。林世田、劉波對比了美國國會圖書館所存隨書至美的複寫件和中國國家圖書館古籍館所存國立北平圖書館善本書裝箱目録（即存滬一份）。前者載録「一〇〇箱」，後者則載録「一〇二箱」，國圖藏本清單另多出二箱善本的清單，字跡、紙張均與前一〇〇箱清單不同，且並無「國立北平圖書館上海辦事處」鈐印。清單的抄録、增補，由國立北平圖書館上海辦事處保管員李耀男經手完成。林、劉認爲，運美善本最初爲一〇〇箱，後又新增二箱，另抄清單，附於百箱清單之後，但續增清單却未複寫隨書至美，故有今存三份裝箱清單之差異。

新增兩箱善本書的裝箱清單全文見於林世田、劉波關於國立北平圖書館運美遷臺善本古籍的幾個問題一文，清單録有「大明仁孝皇后内訓，明永樂刻本，一册」，足以證明内訓確在運美的一〇二箱善本之中，且置於新增的兩箱之中。這部永樂蝶裝内訓雖然未曾出現在膠捲中，臺北所編善本書目也未曾著録，應是在一九六五年遞交過程中，遷至臺灣，現由臺北故宫博物院收藏保管。書内僅有「京師圖書館收藏之印」一枚鈐印，也可以説明此書從清代内閣移至京師圖書館後，可能未經過任何機構和私人的收藏，能夠與運美遷臺諸多善本的命運相吻合。

臺北另有一明刊本，不著年份，「中央研究院」傅斯年圖書館收藏。有「東方文化事業總文員會藏圖書印」、「傅斯年圖書館」、「史語所收藏珍本圖書記」三枚鈐印。子海珍本編影印此本〔九一〕。從版式看，序言部分七行十七字，全書爲黑口單魚尾，與臺北故宫藏永樂内府本形制相同，此本也應是永樂五年的初刻。

(四)中國國家圖書館所藏明刊本内訓爲嘉靖内府本考辨

中國國家圖書館藏有明刊善本内訓兩部，其一爲上文所述楚府正心書院本，與興獻皇后蔣氏女訓屬於同一套書，著録爲同一條目。另一明刊本内訓除徐氏自序和正文内容外，没有能夠提示刊刻時間的綫索，因而不明具體刊刻時間〔九二〕。但根據板框樣式、字體等可以看出具有明代内府刻本的顯著特徵。

根據明實録記載，嘉靖皇帝希望世間推崇其母興獻皇后蔣氏所著女訓，發下臣僚閲覽後，准許刊刻，與此同時，張璁建議内訓和高皇后傳也一同刊佈〔九三〕。按照臣僚的建議，這三部書應同時刊刻，並按一定的順序排列，成爲一套。據美國哈佛大學哈佛燕京圖書館藏中文善本書志（以下簡稱哈佛燕京書志）著録，該館藏有嘉靖九年内府本内訓一册，又有「嘉靖九年内府所刻興獻皇后蔣氏女訓一卷，字體、用紙均與此本同，當爲同時所刻。館藏女訓及此本均在一函之内，一覽即明」，並稱「中國國家圖書館、北京故宫博物院亦有入藏」〔九四〕。

然而在國圖著録的條目中，未見「嘉靖内府本」内訓。另有嘉靖九年内府本女訓一部，刊刻時間與實録記載相同。將不明刊刻時間的内府本内訓與此本女訓進行比對，可以發現，這兩册書應爲嘉靖九年刊刻的同一套書。如此推測，理由有三：

其一，兩書封面書簽字體一致。女訓封面書簽作「御製女訓」，内訓作「内訓」，兩者字體相同。時常翻閲可能致使書籍的封面産生磨損，更换封面，重新題寫書簽是可能出現的情況。儘管我們不能知曉這兩部書的書簽是否爲明代内府原簽，也不好判斷書簽是何時所加，但是可以明確的是，無論是原簽與否，兩書書簽應同時題寫並粘貼在封面上，同一套書可能進行此般處理。

其二，藏印相同。在女訓和内訓兩書書簽下部，均有兩枚方印，分別爲「欽德季孫氏珍藏」和「張雲慈印」。兩書首頁右下角除了「北京圖書館藏」朱方印外，同樣都有「張雲慈印」和「慮叟」，可知兩書曾被藏書家一併收藏。

其三，據哈佛燕京書志記述，嘉靖九年内府本内訓，見藏於中國國家圖書館和北京故宫博物院。那麽筆者所見國圖此本内訓，或應爲哈佛燕京書志所言的國圖藏本。筆者未能得見美國哈佛大學哈佛燕京圖書館所藏嘉靖九年内府本女訓和内訓，若能進行比對，則更可確認此本内訓的刊刻時間。

另外，據實録記載，嘉靖九年刊行女訓時，高皇后傳與内訓同時刊佈。但哈佛燕京圖書館所藏内訓與女訓在同一函套内，函内不見高皇后傳。又哈佛燕京書志稱，館藏之中，有日本影印嘉靖内府本女訓一册，「乃據帝室所藏爲底本，一函三册，又有内訓一卷、人明孝慈昭憲至仁文德承天順聖高皇后傳一卷」〔九五〕，則此影印本或保留了嘉靖九年内府所刊女訓、内訓和高皇后傳三書成套刊行的原貌，可資參考。

五、明清時期的女論語

女論語是一部出現於中唐時期的女教書，關於此書的記載，最早見於舊唐書女學士尚宫宋氏傳〔九六〕，北宋時編修的新唐書藝文志尚宫宋氏傳也有著録〔九七〕。但在宋元時期，其書的刊印和流傳總體不明，諸家書目中也鮮有蹤跡，唯玉海和通志兩書有所著録，但襲用的是仍是兩唐書的内容〔九八〕。今見女論語皆爲明清刻本，作者通常署名宋尚宫，凡十二章，以四字韻文連綴成篇，其篇數、體例、作者與史傳、宋尚宫墓誌〔九九〕的記載均互有出入。因此，今見女論語是否爲宋氏姐妹原作、原書如何流傳，便成爲了研究者争議的熱點。

我們暫且擱下女論語作者與内容的諸多討論，而關注女論語産生巨大影響的明清時期。筆者收集並查閲了中國國家圖書館、北京大學圖書館、日本内閣文庫、日本築波大學圖書館等處收藏的女論語，所見版本共計二十七種。諸本女論語可分爲三個版本系統：名媛璣囊本、重編説郛系統、女四書系統，三個版本系統的文本差異較大，不能明確找尋到其間關係。本文第一、二部分已經談了女四書本和重編説郛本兩個流傳系統，下面就著重介紹名媛璣囊本女論語的版本情況。

萬曆年間，池上客挑選上古至明代女子的詩歌佳作，編成鐫歷朝列女詩選名媛璣囊（簡稱名媛璣囊）一書，凡五卷。位於首卷的女論語，是今見刊刻年代最早的女論語。名媛璣囊有三部殘本存世。日本内閣文庫藏有萬曆二十年本、萬曆二十三年本各一部（分别簡稱爲「内閣甲本」和「内閣乙本」），中國國家圖書館藏有萬曆二十三年本一部（簡稱「國圖本」）。三部名媛璣囊本女論語，均爲半葉九行，行二十字，白口，四周雙邊，雙順魚尾。

內閣甲本無牌記，序言落款「萬曆壬辰五月一日海天清吏書」（萬曆二十年，一五九二年），據以推斷爲萬曆二十年刻本。落款左下有「海天清吏」黑方印。萬曆二十三年本鐫歷朝列女詩選名媛璣囊目録中，此本作名媛璣囊姓氏，下有「姚嘉善印」、「文原道人」二朱方印。首卷女論語第五、六頁，誤爲詩集第一卷第五、六頁，故女論語第七至九章缺失。

內閣乙本與國圖本均爲萬曆二十三年刊本。兩書序言落款爲「旹萬曆乙未冬月一日海天清吏書」（萬曆二十三年，一五九五），左下方有「海天清吏」黑方印。末頁牌記云：「萬曆乙未年孟冬月書林鄭氏雲竹繡梓」。內閣乙本小序首頁有「弘文學士院」朱長方印、「淺草文庫」朱長方印、「日本政府藏書」朱方印、「林氏藏書」朱方印、「書籍館藏」朱方印。末頁有「昌平阪學問所」黑長方印。國圖本小序首頁、全書末頁有「北京圖書館藏」朱長方印，首卷首頁有「葉國」白方印，小序首頁、卷一首頁有「長樂鄭振鐸西諦藏書」朱長方印，全書末頁有「長樂鄭氏藏書之印」〔一〇〇〕。內閣乙本女論語存第一至九章，第十至十二章缺失。國圖本存第一至十章及十一章的前兩行——至「子侄團圓」四字，凡七頁。第十一章「子侄團圓」之後內容及第十二章缺失〔一〇一〕。

仔細比對內閣乙本與國圖本兩者的版面情況可以發現，兩者爲前後印本的關係，內閣乙本早於國圖本印刷。内閣乙本女論語葉六b第九行第一字處，是一枚墨丁。由於雕版上的字使用陽刻，印刷時，先在突出的字塊上刷墨，再刷印在紙上，陽刻部分便是留在紙上的墨字，突出無字的木塊則以墨丁的樣子呈現。這個墨丁在國圖本的相同位置變爲「四」字，應是再印時發現了以前的一處遺漏，補刻之後，再行印刷所致。内閣乙本的文字整體更加清晰鋭利，國圖本則略顯粗略。

女論語爲何被置於列女詩選之前，編者池上客並未明言，也難有其他綫索可尋。但在宋元以來的社會觀念中，詩歌不利於女德的培養，因而女性讀詩、作詩並不會得到特別的讚賞和鼓勵，司馬光即言：「至於刺繡華巧，管弦歌詩，皆非女子所宜習也。」〔一〇二〕不過，歷朝歷代仍有許多詩詞佳作出自女子之手，好事之人在欣賞之餘，將其彙編成集，付梓刊印。池上客認爲此種限制女子讀詩、作詩的「貞教」未免過於嚴苛，他在序中即言道：

> 憚者乃謂朱紫並陳，雅鄭兼收，用以忘倦則可，非所以訓也。嗟嗟，阿穀援琴，東山攜廛，迄今以爲美談，而賦閒情、傳孽孌，寧以誨淫也，亦宣尼氏不删鄭衛意耳。何必斤斤程度，尺寸不踰，乃稱貞教哉！〔一〇三〕

這説明他選編名媛璣囊時，人們對於女子讀詩、作詩仍持否定態度。既不能恣意讚賞女性才性，又想好好欣賞她們的娟辭麗語、彤管佳作，這種矛盾心理如何處理，就成爲其時社會道德規範的制定者所需面臨的問題。爲了化解此一矛盾，女論語才被安置於名媛詩集之前，以昭告世人，在詩作之外，女德才是第一要事。面對道德訓誡與詩歌合流這一令人費解的現象，高彦頤根據名媛璣囊至少有萬曆二十年和萬曆二十三年兩個刻本而認爲，「女誡的附録是想，也確實達到了增加銷售的目的」〔一〇四〕。無論編者出於何種考量而將其置於首卷，女論語都憑藉著這樣偶然的因素保留了下來，成爲至今能夠見到的最早的版本，而它也成爲叢書本女論語之外的一個特別的版本。

注釋

〔一〕永瑢等四庫全書總目卷一九四集部尺牘嚶鳴集，中華書局，一九六五年，頁一七七四。

〔二〕胡文楷歷代婦女著作考，上海古籍出版社，一九八五年，頁八四三。

〔三〕瞿冕良中國古籍版刻辭典，齊魯書社，一九九九年，頁八五。

〔四〕王相校訂女四書箋注，蘇州崇德書院刊本，中國國家圖書館藏，潘遵祁序。

〔五〕中國學前教育史編寫組中國學前教育史資料選，人民教育出版社，一九八九年，頁九五。

〔六〕陶宗儀等説郛三種，上海古籍出版社，一九九八年，楊維楨序頁二。

〔七〕陶宗儀等說郛三種，張宗祥序頁一。
〔八〕陳師曾説郛書目考，現存一至三卷，抄本，中國國家圖書館藏。
〔九〕伯希和著、馮承鈞譯説郛考，應再泉、徐永明、鄧小陽：陶宗儀研究論文集，浙江人民出版社，二〇〇六年，頁二七六—二九五。
〔一〇〕渡邊幸三著、陳越譯説郛考，陶宗儀研究論文集，頁三〇二—三三七。
〔一一〕景培元説郛板本考，中法漢學研究所圖書館館刊一九四五年第一期，頁一九—三二。
〔一二〕倉田淳之助著、賈莉譯説郛版本諸説與己見，陶宗儀研究論文集，頁三三八—三五四。
〔一三〕昌彼得説郛考，臺北文史哲出版社，一九七九年。
〔一四〕艾騖德著、馬曉林譯説郛版本史，國際漢學研究通訊二〇一四年第九期，北京大學出版社，頁三八七—四三八。
〔一五〕昌彼得説郛考，頁二。
〔一六〕景培元説郛子目異同表，中法漢學研究所圖書館館刊，頁四三。
〔一七〕張宗祥著、浙江省文史研究館編鐵如意館隨筆，上海古籍出版社，二〇一五年，頁九九。
〔一八〕徐三見汲古閣藏明抄六十卷本説郛考述，東南文化，一九九四年第六期，頁一一二—一一七。
〔一九〕倉田淳之助著、賈莉譯説郛版本諸説與己見，頁三三八—三五四。
〔二〇〕昌彼得説郛考，頁二九—三一。

〔二一〕昌彼得説郛考，頁三四。

〔二二〕文獻通考經籍考全取直齋書録解題之文：「女誡一卷。陳氏曰：『漢曹世叔妻班昭撰。固之妹也，俗號女孝經。』」參見馬端臨撰，上海師範大學古籍研究所、華東師範大學古籍研究所點校文獻通考卷二一四經籍考子部雜家，中華書局，二〇一一年，頁五九九五。校者指出，女孝經與女誡實爲兩書，陳振孫誤將女孝經當做班昭之女誡，頁六〇〇八校勘記〔四〕。

〔二三〕吕祖謙東萊吕太史别集卷八與朱侍講元晦，載黄靈庚等編吕祖謙全集，浙江古籍出版社，二〇〇八年，頁四一九。朱熹與吕祖謙、劉清之往來書信的時間，參見陳來朱子書信編年考證增訂本，北京三聯書店，二〇〇七年。

〔二四〕黎靖德編、王星賢點校朱子語類卷七，中華書局，一九八六年，頁一二七。

〔二五〕朱熹與建寧傳守劄子，晦庵先生朱文公文集卷二五，朱子全書，第二十一册，上海古籍出版社、安徽教育出版社，二〇〇二年，頁一一二二。

〔二六〕同上條。

〔二七〕朱熹答吕伯恭，晦庵先生朱文公文集卷三三，朱子全書，第二十一册，頁一四五〇—一四五一。

〔二八〕同上條。

〔二九〕吕祖謙東萊吕太史别集，吕祖謙全集，頁四一九。

〔三〇〕晦庵先生朱文公文集，朱子全書，第二十五册，頁四八九一。

〔三一〕脱脱等宋史，中華書局，一九七七年，頁一二九五三。

〔三二〕劉清之戒子通録，景印文淵閣四庫全書，第七〇三册，臺灣商務印書館股份有限公司，二〇〇八年，頁四，陳黄裳序。

〔三三〕同上條。

〔三四〕晁瑮寶文堂書目，古典文學出版社，一九五七年，頁一〇七。

〔三五〕楊士奇文淵閣書目，中華書局，一九八五年，頁一四六。

〔三六〕沈時蓉論劉清之和他的戒子通録，四川師範大學學報（社會科學版），一九九五年第二期，頁四三—四七。

〔三七〕梁克家著，王曉波、李勇先、張保見等點校（淳熙）三山志，宋元珍稀地方志叢刊甲編，第六册，四川大學出版社，二〇〇七年，頁一〇〇九。

〔三八〕黄仲昭修纂（弘治）八閩通志，福建人民出版社，二〇〇六年，頁九五三。

〔三九〕于敏中天禄琳琅書目，清人書目題跋叢刊，中華書局，一九七〇年，頁七三。

〔四〇〕樊長遠存世毛氏汲古閣抄本知見録，版本目録學研究，國家圖書館出版社，二〇一五年，頁一一三—一六〇。

〔四一〕尾崎康著，喬秀岩、王鏗編譯正史宋元版之研究，中華書局，二〇一八年，頁一一。

〔四二〕同上書，頁六三。

〔四三〕同上書，頁四五。

〔四四〕天禄琳琅書目，頁一一五。

〔四五〕（淳熙）三山志，頁一〇七七。

〔四六〕陳鑑兩漢文鑑自序，見陸心源皕宋樓藏書志卷一一四總集類，中華書局，一九九〇年，頁一二九三上。

〔四七〕阮元撰、鄧經元點校揅經室集，中華書局，一九九三年，頁一二八〇—一二八一。

〔四八〕張居正張太嶽集卷一一，上海古籍出版社影印明萬曆刻本，頁一三四上。

〔四九〕李媛張居正與宮廷女書女誡直解，古代文明二〇一三年第三期，頁九六。

〔五〇〕李媛張居正與宮廷女書女誡直解，頁九七。

〔五一〕張居正女誡直解，見張文忠公全集，王雲五主編國學基本叢書，據光緒二十七年田楨刻本排印，商務印書館，一九三六年，頁七六六。李媛張居正與宮廷女書女誡直解一文引此段文字論證女誡直解底本無考，見頁九八。

〔五二〕張居正張太嶽集，頁十上。

〔五三〕劉若愚撰，馮寶琳點校酌中志，北京古籍出版社，一九九四年，頁一六〇。

〔五四〕邵懿辰撰，邵章續録增訂四庫簡明目録標注，上海古籍出版社，一九七九年，頁四〇〇。

〔五五〕上海圖書館編中國叢書綜録，中華書局上海編輯所，一九六一年，頁七五七左。

〔五六〕趙南星曹大家女誡直解跋，趙南星全集，第十七册，清刻本，中國國家圖書館藏。該跋書於萬曆十五年五月。

〔五七〕胡文楷歷代婦女著作考，頁三。

〔五八〕張廷玉等明史卷一百十三后妃傳成祖仁孝徐皇后，中華書局，一九七四年，頁三五〇九—三五一一。

〔五九〕仁孝皇后徐氏内訓，永樂五年内府刻本，臺北故宫博物院藏，序文第一b—二頁。

〔六〇〕明實録太宗實録卷七三，永樂五年十一月乙丑條，臺灣「中央研究院」歷史語言研究所，一九六二年，頁一〇一六。李晉華明代敕撰書考介紹内訓成書過程稱：「至永樂二年冬，仁孝皇后崩，書尚未成。十一月乙丑，皇太子以進上，成祖覽之愴然，因命刊賜臣民。」與實録核驗，仁孝皇后非卒於永樂二年，在去世之前，其書已成。李氏摘録有誤。李晉華明代敕撰書考，北平哈佛燕京學社，一九三二年，頁三一—三二。

〔六一〕在古籍版本學界，内府本通常又稱司禮監本或經廠本，諸家學者對内府本的定義又多有出入。馬學良考辨認爲，有明一代，内府刻書不獨由司禮監經廠承擔，司禮監刻書始於永樂七年（一四〇九年）。司禮監之外，還有其他機構負責内府書籍的刊刻。内府本宜從版本屬性進行定義，以黄永年、南炳文、何孝榮三人所論更爲貼切。黄永年稱内府本爲「皇家的刻本」，南炳文、何孝榮則認爲「内府刻本指宫廷刻書」。本文以馬氏所論爲准，將皇家刊刻的内訓稱作内府本，不稱其爲司禮監本或經廠本。參見馬學良司禮監經廠與明代内府刻書關係辯證，沈乃文主編版本目録學研究（第九輯），國家圖書館出版社，二〇一八年，頁一五一—一六三。明代版刻可分爲官刻、家刻和坊刻三類，其中，官刻泛指官方機構刻書，内府本和藩府本均爲官刻。參見杜信孚明代版刻淺談，收入杜信孚纂輯，周光培、蔣孝達參校明代版刻綜録，廣陵古籍印刻社，一九八三年，卷首頁五。

〔六二〕楊士奇文淵閣書目，叢書集成初編本，據讀畫齋叢書本排印，頁五。

〔六三〕永瑢等四庫全書總目卷九三子部儒家類，中華書局，一九六五年，頁七九〇上。

〔六四〕明實録世宗實録卷一百十七，嘉靖九年九月戊申條，頁二七七五。

〔六五〕黄佐南雍志卷十七經籍考，南京國學圖書館影印明嘉靖刻隆慶萬曆天啓增修本，收入四庫全書存目叢書，齊魯書社，一九九六年，史部第二五七册，頁三八三下。

〔六六〕明實録孝宗實録卷一百十九，弘治九年十一月丙寅條，頁二一四六。

〔六七〕明實録武宗實録卷四一，正德三年八月庚寅條，頁九六四。

〔六八〕明實録太宗實録卷七九，永樂六年五月乙丑條，頁一〇六三。

〔六九〕明實録世宗實録卷一百十七，嘉靖九年九月戊申條，頁二七七五。

〔七〇〕明實録世宗實録卷一百二十，嘉靖九年十二月乙亥條，頁二八六三。

〔七一〕明實録世宗實録卷一百十七，嘉靖九年九月戊申條，頁二七七五。

〔七二〕明仁孝皇后徐氏内訓一卷，明興獻皇后蔣氏女訓一卷，明楚府正心書院本，中國國家圖書館藏。

〔七三〕祁承㸁澹生堂藏書目經部小學家訓，上海古籍出版社，二〇一五年，頁三〇三。

〔七四〕四庫全書總目，子部儒家類小叙，頁七六九中。

〔七五〕四庫全書總目，卷首，乾隆三十九年七月二十五日上諭，中華書局，一九六五年，頁二下。

〔七六〕陳曉華「四庫總目學」史研究，商務印書館，二〇〇八年，頁六二。

〔七七〕翁方綱纂，吴格整理翁方綱纂四庫提要稿，上海科學技術文獻出版社，二〇〇五年，頁四六九—四七〇。

〔七八〕張海鵬輯刻墨海金壺，中國國家圖書館藏本，凡例頁一。

〔七九〕同上條。

〔八〇〕鄭偉章金山錢氏刻書，出版工作一九九〇年第四期，頁一〇二—一一〇。

〔八一〕錢熙祚珠叢别録，中國國家圖書館藏本，自序頁二。

〔八二〕張文虎孤麓校書圖記，收入張文虎著舒藝室雜著乙編卷下，近代中國史料叢刊本，文海出版社，一九七三年，頁三三九—三四〇。

〔八三〕林振岳繆荃孫清學部圖書館善本書目編纂考，文獻二〇一五年第四期，頁三八—四七。

〔八四〕高橋智撰、杜軼文譯關於京師圖書館善本簡明書目及其稿本，中國典籍與文化論叢，二〇一三年，頁四一三—四九八。

〔八五〕高橋智撰、杜軼文譯關於京師圖書館善本簡明書目及其稿本，頁四六八。

〔八六〕北平圖書館善本書目新舊二目異同表子部儒家類内訓，舊京書影據一九三四年國立北平圖書館館刊第八卷重排，人民文學出版社，二〇一一年，總頁九六一。

〔八七〕趙萬里編國立北平圖書館善本書目卷三子部儒家類，舊京書影影印一九三三年刊本，人民文學出版社，二〇〇一年，總頁八三三下。

〔八八〕李晉華明代敕撰書考，哈佛燕京學社，一九三二年，頁三一—三二。

〔八九〕甲庫善本運美遷臺的經過，參見錢存訓北平圖書館善本書籍運美經過，傳記文學第十卷第二期，一九六六年，頁五五—五七。朱紅召國立北平圖書館善本圖書運送美國保存經過述略，載王重民先生百年誕辰紀念文集，北京圖書館出版社，二〇〇三年，頁一三一—一四七。

〔九〇〕朱紅召國立北平圖書館善本圖書運送美國保存經過述略，頁一四六。

〔九一〕方鵬程總編子海珍本編——「中央研究院」歷史語言研究所珍藏子部善本，臺北商務印書館有限責任公司，二〇一三年。

〔九二〕除電子檢索目録外，另參看北京圖書館古籍善本書目子部儒家類，書目文獻出版社，一九八七年，頁一二〇七。

〔九三〕明實録世宗實録卷一百十七，嘉靖九年九月戊申條。

〔九四〕沈津主編美國哈佛大學哈佛燕京圖書館藏中文善本書志，廣西師範大學出版社，二〇一一年，頁八七七—八七八。

〔九五〕同上條。

〔九六〕劉昫等舊唐書卷五二后妃下女學士尚宮宋氏，中華書局，一九七五年，頁二一九八。

〔九七〕歐陽修、宋祁新唐書卷五八藝文二，中華書局，一九七五年，頁一四八七。

〔九八〕參見王應麟玉海卷五五藝文唐女論語，江蘇古籍出版社，一九八七年，頁一〇四九；鄭樵通志卷五六藝文略列女，中華書局，一九八七年，頁七七九下。通志雖沿用前代之説，却誤將「篇」作「卷」。

〔九九〕參見趙力光、王慶衛新見唐代内學士尚宮宋若昭墓誌考釋，考古與文物二〇七四年第五期，頁一〇二一一〇三。

〔一〇〇〕是書原爲鄭振鐸藏書。建國後，他將自己的藏書悉數捐獻國家，繼由北京圖書館收藏。北京圖書館在鄭振鐸原有藏書目的基礎上，整理、考察全部藏書，編定西諦書目。其中有關鐫歷朝列女詩選名媛璣囊的著録十分簡略。參見西諦書目，北京圖書館出版社，二〇〇四年，頁二六b。

〔一〇一〕高彦頤曾參閲内閣文庫所藏兩部名媛璣囊，並關注到兩書皆爲殘卷：「因裝訂有誤，女論語的7—9章從前一個版本（指内閣甲本）中消失；10—12章則與第9章的最後一行混在了一起，並且，它們又在後一個版本（指内閣乙本）中消失。」高彦頤著、李志生譯閨塾師：明末清初江南的才女文化，江蘇人民出版社，二〇〇五年，頁三二一。

〔一〇二〕司馬光家範，上海古籍出版社影印文淵閣四庫全書本，一九九二年，頁三四上。

〔一〇三〕池上客鐫歷朝列女詩選名媛璣囊，萬曆二十三年鄭雲竹刊本，中國國家圖書館藏，序言頁二。

〔一〇四〕高彦頤著、李志生譯閨塾師：明末清初江南的才女文化，頁六一。

多文堂本閨閣女四書集注刊行時間考

車佳敏

胡文楷所撰歷代婦女著作考，是著録歷代婦女著作最爲全面的目録書，對中國古代婦女史、文學史研究，具有重要價值。胡氏數十年間搜討全國各圖書館及私家收藏的婦女著作，對經眼之書的版本信息，都予以詳細著録。其中著録有多文堂閨閣女四書集注一書，年代定爲明天啓四年（一六二四）。胡氏之後，學者少有閲目其書者，故多襲胡氏之説，以王相女四書集注成書於明天啓年間。經筆者查閲發現，長春圖書館藏有一部多文堂刊本女四書集注，借閲過目後得知，此本的刊刻時間並非是天啓四年，而是清康熙二十三年（一六八四），且非初刻本。由此也可推斷，女四書集注成書的時間當在清朝初年。

胡氏著録閨閣女四書集注條目云：

閨閣女四書集注，明天啓四年甲子多文堂刊本。

（明）王相箋注。相字晉升，琅琊人。是書前有萬曆八年神宗皇帝御製序。卷首題莆陽鄭漢濯之校梓。九經堂刊曹大家女誡、仁孝文皇后内訓二種。後多文堂刊女論語及女範捷録，爲女四書。〔一〕

同書女論語條目云：

女論語一卷，唐宋若莘、宋尚宫撰，新唐書后妃傳著録。（見）明末多文堂刊本，列入閨閣女四書，琅琊王相箋注。書凡十篇：立身、學作、學禮、早起、事父母、事舅姑、事夫、訓男女、營家、待客。前有自序。又説郛本。〔二〕

根據胡氏的考察，由王相箋注的女四書至遲在明天啓四年成書付梓，但這一判斷頗有可疑之處。王相曾編輯尺牘嚶鳴集一書，被收四庫全書集部總集類存目，據總目，是書成於康熙己丑年（四十八年，一七〇九）〔三〕，而此年距離天啓四年，已有八十五年之久，所以，王相生前編成此兩書的可能性很小。而學者們多未曾親自閲目胡氏著録的多文堂本女四書，故只能遵從其説，因而關於王相生活年代和女四書集注成書時間的判斷，也一直比較模糊。

長春圖書館所藏多文堂刊本（典藏號：D442.9/4），兩册。每半葉九行，行十七字，白口無魚尾，左右雙邊。第一册封面貼簽題「崇文堂閨閣女四書」，並抄有秦韜玉貧女七律一首，封面内葉抄有孟郊烈女操一首。第二册封面題「閨閣四書」。全書有朱筆校改痕跡。

兩册均鈐有「長春市立圖書館藏書」朱文方印、「長春市立圖書館民國」紫色圓印。經館員同志提示，此二印行用時間爲一九四八年底至一九五三年七月，是書應在此時間段内入藏長春圖書館。

首册的册首牌記爲「甲子年重鐫閨閣女四書集注多文堂梓」，内爲女誡、内訓兩種，末葉末行刊有「九經堂梓行」；第二册内爲女論語、女範捷録兩種，末葉缺損。經仔細比對，此刊本與國家圖書館藏奎壁齋本版式相同，字體接近，除牌記和書坊名不同外，正文内容幾乎完全相同，只有個別形訛字和句讀符號位置有差異。又胡文楷在著録女論語一書時，提到「明末多文堂刊本，列入閨閣女四書」，「書凡十篇」[四]。然筆者目閲之多文堂本中的女論語，總計有十二篇，亦與奎壁齋本相同。胡氏在著録時，或漏掉了後兩章和柔章和守節章，或其所見多文堂刊本缺此兩章。在女範捷録的首葉，還有「金陵奎壁齋梓」字樣。以上信息説明，多文堂刊本並非初刻本，它是在清初奎壁齋刊本的基礎上翻刻而成的，其中的女誡、内訓兩種，利用了九經堂翻刻奎壁齋的版本。

全書的避諱情况，可以作爲判斷該書刊刻年代的主要依據。内訓第十五章奉祭祀有「蠶桑以爲玄紞」之語，女論語序傳中有「下蔭玄孫」之語，「玄」字均缺末筆；全書中，「胤」「弘」二字均不避諱，可知此書當刊刻於康熙年間，故牌記中的「甲子年重鐫」應爲康熙二十三年。胡文楷或未仔細翻檢全書，故將甲子年誤定爲了六十年前的天啓四年。同時，奎壁齋刊本的避諱情况，與多文堂本相同。由此可以斷定，奎壁齋刊本的女四書集注，初刻時間在康熙時期，不晚於康熙二十三年。王相生活的年代，應在明末至清康熙年間。

此外，多文堂刊本刊刻校訂水平不高，與國圖藏奎壁齋刊本相比，形訛、音訛之字較多，有價值的異文較少。朱校對其中的部分訛誤字進行了校改，如女誡第七章和叔妹有「則是婦之賢否毁譽」，「譽」字多文堂本原作「表」，朱校改作「譽」；内訓事君章有「姜后脱簪珥」之句，「珥」字多文堂本原作「再」，朱校改作「珥」。類似的例子在全書多處存在，這也是本次校訂未選用多文堂本作參校本的原因之一。

注　釋

〔一〕胡文楷歷代婦女著作考，上海古籍出版社，一九八五年，頁八四三。

〔二〕胡文楷歷代婦女著作考，頁二三一。
〔三〕永瑢等撰四庫全書總目卷一九四總集類存目四，中華書局，一九六五年，頁一七七四。
〔四〕胡文楷歷代婦女著作考，頁二三一。

女孝經的流傳與版本考述

車佳敏　雷亞倩

唐開元二十六年（七三八）正月，右羽林軍長侯莫陳超之女被册爲永王妃。其後，爲教導姪女爲婦、爲母、爲妃的德行孝道，嬸母鄭氏，即侯莫陳邈之妻模仿孝經體例，撰寫了女孝經十八章。唐代以降，這部從女性角度闡釋儒家孝道觀念的女教書，以圖像和文本兩種形式存世，並一直流傳至今。

一、宋代女孝經圖的流傳

中國古代人物畫的創作目的之一，是體現儒家的政治教化功能。唐人張彦遠歷代名畫記開篇即云：「夫畫者，成教化，助人倫，窮神變，測幽微，與六籍同功，四時并運，發於天然，非由述作。」〔一〕女孝經圖就是以畫卷形式，宣傳儒家女德女教的作品。

至遲在五代宋初，文本的衍生物女孝經圖已經出現。據宣和畫譜記載，北宋御府藏有五代宋初畫家石恪所作的「女孝經像八」〔二〕，宋代著名畫家李公麟、馬遠等，也曾創作過這一題材的作品。

因其獨特的藝術和收藏價值，宋代諸卷女孝經圖，受到后世鑒賞家的珍視，但畫卷上的文字，則尚未引起特别關注。目前所見的女孝經圖，均將每章内容以圖畫形式描繪，並配有相應章節的原文。這種創作形式，保留了較早時代女孝經的文本形態，對於文字校勘，具有重要參考價值。

（一）李公麟所繪女孝經圖的流傳

北宋中後期的著名畫家李公麟，曾繪過「女孝經相二」，收藏於北宋御府〔三〕。據長居杭州的南宋遺民周密記載，元至元二十六年（一二八九），收藏家喬簣成藏有一批唐宋書畫，其中有「李伯時畫女孝經，並自書經文，惜不全」。這批書畫皆有宋徽宗「宣和」御題和「宣和」「大觀」「睿思東閣」印，及金章宗「明昌御府」「明昌中秘」「明昌珎翫」「明昌御覽」大印，其中數軸有「大金密國公樗軒收」字樣〔四〕。

鮮于樞亦曾在氏著困學齋雜録中，著録喬氏藏有「伯時女孝經，明昌」〔五〕。可知在靖康之變後，李公麟女孝經圖與其他北宋官藏書畫，一同進入金朝秘府，之後由金世宗之子密國公完顏璹收藏。完顏璹長於詩書，酷愛書畫，金宣宗南遷時，「諸王宗室顛沛奔走，璹乃盡載其家法書名畫，一帙不遺」〔六〕。天興年間（一二三二—一二三四），完顏璹卒於開封，開封城破之後，他收藏的書畫很可能也盡數散佚。

元人王惲作有題李龍眠畫班昭女孝經圖後，其曰：「此畫予也三見，兹雖張仁所臨，殊有分數。昔東坡稱晉人法書今何所及，得唐人硬黄足矣。其十襲秘藏，遇知者一觀，可也。」〔七〕這表明當時已有李公麟女孝經圖的摹作出現。

經喬簣成收藏之女孝經圖，明中期出現在蘇州的鑒藏圈中，當時還保留有四章內容。都穆寓意編著録沈周藏有「龍眠畫女孝經四章，每章亦龍眠書」〔八〕。沈周之友吴寬曾爲此畫作題跋，云：「此卷寫女孝經四章，而其事蹟則每章圖之，初不知作於何人，獨其上有喬氏半印可辨。啓南得之，定以爲李龍眠筆。及觀元周公謹志雅堂雜鈔云己丑六月二十一日同伯機訪喬仲山運判觀畫，而列其目，有伯時女孝經，且曰伯時自書不全，則知爲龍眠無疑，啓南真知畫者哉！」〔九〕

明永樂朝曾任國子祭酒的胡儼家中，也曾收藏一卷女孝經圖，他認爲這是李公麟所畫〔一〇〕。約成化、弘治年間，李東陽曾在駙馬都尉樊凱處得見此圖，題跋云：「駙馬都尉樊公大振出女孝經圖一卷，無名識，後有祭酒胡公若思記，以爲宋李伯時作。而世所傳頤庵集載此記，首有『吾家舊藏』四字，知爲胡氏故物也。」又云：「樊公讀書攻詩，有王晉卿之風，非徒溺於藻繪之好者。吾不敢效東坡留意之戒，姑因共請而識之。」〔一二〕在此以後，李公麟的女孝經圖蹤跡難尋。

（二）「臺北卷」和「北京卷」女孝經圖

北京故宫博物院和臺北故宫博物院分别收藏有一卷女孝經圖，是目前僅存可以公開閲覽的宋代女孝經圖畫卷。

臺北故宫博物院所藏，爲宋高宗書女孝經馬和之補圖一卷（以下簡稱「臺北卷」）。該畫原爲上、下兩卷，目前儘存上卷，内容對應的是女孝經的前九章。石渠寶笈著録該畫時提到：「下卷末幅有坤卦、『御書之寶』二璽，每段後馬和之著色畫補圖，下卷末幅署『臣馬和之』四字（微缺），每幅有『明安國玩』一印，上卷自開宗明義章起，至賢明章訖；下卷自紀德行章起，至舉惡章訖。」〔一三〕「明安國玩」是明代嘉靖年間無錫著名藏家安國的印鑒。安國爲東南巨富，他的藏品有很多來自於蘇州地區的文人藏家〔一三〕。此畫下卷出現在一九二二年溥儀賞賜給溥傑的古籍書畫目録中，被著録爲「宋高宗書女孝經馬和之補圖一卷下卷（一千一百五十四號）」〔一四〕，但此後便不知所蹤。有學者認爲，「臺北卷」雖標爲馬和之作品，但更接近於稍晚的馬遠、馬麟父子一派的風格；書法雖標爲宋高宗，但書體更接近宋理宗〔一五〕。

北京故宮博物院藏宋代佚名女孝經圖一卷（以下簡稱「北京卷」），石渠寶笈著録云：「唐人畫女孝經圖一卷（次等，天一），素絹本，著色畫，凡九段，每段書本文一則。」〔一六〕畫卷爲絹本設色長卷，無作者款印；共分爲九段，每段獨立成畫，尺寸不一，並圖文對照，楷書了女孝經的相應章節。圖卷上有乾隆、嘉慶、宣統御覽之印及「曹溶秘玩」「曹溶鑑定書畫印」等共十方收藏印。九段圖畫裝裱順序依次爲：一、開宗明義章；二、后妃章；三、三才章；四、賢明章；五、事舅姑章；六、邦君章；七、夫人章；八、孝治章；九、庶人章。

書畫專家穆益勤認爲，該卷人物形象和家具陳設，與著録爲南唐顧閎中的韓熙載夜宴圖風格相近，屏風山水畫接近宋初李成一派，又有唐李思訓青緑山水遺風，故繪畫時間不晚於北宋〔一七〕。另一位書畫專家余輝對韓熙載夜宴圖的分析認爲，該圖具有很多南宋風格特徵〔一八〕。女孝經圖也當出自南宋畫院畫家的手筆。

「臺北卷」和「北京卷」所書文字，均有避宋諱的情況，但不甚謹嚴。第一章「和柔貞順」之「貞」，「臺北卷」作「正」，乃避宋仁宗趙禎之諱，而「北京卷」仍作「貞」；第六章「敬與父同」、「敬以直内」以及第七章「先之以敬讓」之「敬」，「北京卷」分別作「欽」或

「恭」，而「臺北卷」不避「敬」字，亦無缺筆；第一章「卑讓恭儉」之「讓」，兩卷均作「遜」，第七章「先之以敬讓」之「讓」，「北京卷」作「遜」，而「臺北卷」仍爲「讓」。宋英宗生父濮王名允讓，可知兩卷所據文本，時代不早於英宗朝（一〇六三—一〇六七）。

明末清初人顧復平生壯觀，著録閻立本有「女孝經圖，絹素破碎，空地皆非本來，而用筆最古，的的唐人氣韻。逐段經文，云是虞永興筆，諦視之，蓋宋思陵也。想虞書遺失，以思陵書經配之，故絹色不同，高低遠甚。設色，畫九段，書經文九段」〔一九〕。平生壯觀約成書於康熙三十一年（一六九二），根據顧復自序，他「南未嘗渡錢塘，北未嘗越長淮」，是書著録僅爲在東南所見之書畫〔二〇〕。此外，清初人吴升大觀録，著録有閻立本畫女孝經圖虞世南書孝經卷，共九章，每章前書經文，後配畫作。吴升記録了每章原文及畫面佈局，並作跋語云，此圖「畫俱絹本，爲閻右相立本作」，「書法相傳爲虞永興筆，獨筆力弱不能得秀嶺危峰之妙，似宋高宗早年臨摹一種，然宋書唐畫傳世亦可寶也」〔二一〕。吴升爲蘇州地區書畫商，大觀録成書時間約在康熙五十一年（一七一二）前後，書中所記，多爲他平生閲目耳聞之作〔二二〕。其對畫卷書畫作者的判斷與顧復相同，二人所見或爲同一畫卷，吴升很可能直接承襲了平生壯觀的觀點。然閻立本卒於唐咸亨四年（六七三），此時女孝經尚未成書，顧、吴二人所言爲非。

平生壯觀和大觀録所著録女孝經圖的流傳情况難以查考，但將大觀録著録畫面構圖及文字與「北京卷」對照，可見兩畫構圖十分相似，文字内容高度相同。涉及避諱字之「卑遜恭儉」、「和柔貞順」等字句用字均相同，只有賢明章中兩字不同：「得無勞倦乎」之「無」，大觀録作「王」，「不覺日之晚也」之「晚」，「北京卷」作「晏」。因此，顧、吴二人於江南所見女孝經圖，當與「北京卷」有密切關係，或爲書畫商製作的仿品〔二三〕。

「北京卷」印鑒顯示，該卷曾爲曹溶收藏。曹溶（一六一三—一六八五），嘉興人，與江南和京師鑒藏圈交往密切，收藏頗豐。約順治末年，曹溶家計陷入艱難，藏品漸次流散。往來於京師和江南的古書畫商人王際之，曾大量收購江南書畫北上，吴其貞書畫記便記載，他曾於王際之寓中，兩次觀賞其在嘉興所得，並感歎：「今一旦隨際之北去，豈地運使然耶？」〔二四〕根據學者陸一中的統計，曹溶藏品流入際之之手者數量甚多，僅據書畫記和平生壯觀統計，就有十三種〔二五〕。此二書並未提及曹溶所藏女孝經圖是否經際之之手北上，但可以推測，女孝經圖亦經過了一個從南向北流傳的過程。

元明兩代，著名古書畫收藏家主要集中於長江中下游，直到清初，出現了大量古書畫由南向北移動的現象〔二六〕。「臺北卷」、「北京卷」以及平生壯觀和大觀録所著録之女孝經圖的流傳情况，正揭示出晚明至清前期書畫收藏格局的變化綫索。

（三）其他關於宋代女孝經圖的記載

龐元濟（一八六四—一九四九）虚齋名畫録，著録有宋馬欽山列女圖宋高宗書女訓合璧卷。此卷「絹本，書畫各四段，設色人物，無款，每圖惟鈐四印」〔二七〕。龐元濟抄録下了畫卷文字，内容爲母儀章、諫諍章、廣守信章、五刑章。卷後有陸完正德十二年（一五一七）題跋，言其曾於駙馬都尉樊凱處，得見李公麟女孝經圖，又聞沈周亦收藏一卷。此卷畫或爲馬遠所作，書法則可能非高宗親筆，「其書則出當時内夫人手，而用乾卦御書並挂號印信耳，知書者自能辨之」〔二八〕。又有吴山濤、王文治題跋。虚齋名畫録著録的文字均屬後九章，爲其他畫卷所闕，故有一定校勘價值。

晚清藏書家陸心源編穰梨館過眼録，著録有高宗書女誡馬遠補圖卷，文字内容爲女孝經之後九章。卷中有「御書」、「内府圖書」、「機暇清玩」三印，卷後有文徵明辛亥歲（嘉靖三十年，一五五一）題跋、程涓萬曆十五年（一五八七）題跋。程涓題跋云：「是卷舊爲黄少巖先生得之浙中，先生没，而其子仁甫攜從友人丁南羽鑒定，余乃爲識之。若此仁甫寶此時時如羹墻之見焉，其用孝亦雅且篤矣。萬曆丁亥春正月穀日程涓巨源書。」〔二九〕丁南羽即丁雲鵬，與程涓俱爲明末徽州人，可知此卷於嘉萬間，由浙江流傳至徽州。另據抄録印鑒，此卷清末曾爲丹徒藏家戴植收藏。

晚明至清末，江南地區有不只一幅據傳爲馬遠的女孝經圖，在圖卷流傳過程中，可能出現了仿作馬遠和宋高宗書畫的現象。

另元代夏文彦圖繪寶鑑載，南宋畫院「李遵畫人物，嘗見有女孝經圖傳世」〔三〇〕，然李遵女孝經圖後代未見有傳，下落不詳。

同時，還有其他流傳於世的據傳爲宋代的女孝經圖，如劉海粟美術館收藏之圖，據傳有四章内容，但筆者未得寓目。傳趙伯駒女孝經圖，於一九八九年被佳士得拍賣行拍賣，歸私人所藏〔三一〕。國家圖書館還藏有一幅清宣統元年（一九〇九）影印、傳爲元人王振鵬所繪的元王孤雲女孝經圖卷，元代圖卷此爲僅見，但尚未得寓目，真僞及特徵尚不明了。

二、女孝經的流傳和版本

在女孝經的流傳過程中，文字版本無疑是更重要的。下面就對明代以降的女孝經版本做一梳理。

（一）女孝經的流傳情况

在宋代官藏書目中，北宋的崇文總目卷六小説類，著録有「女孝經一卷」。南宋王應麟的玉海，直接承襲了崇文總目的記載，於「孝經圖」條下記，「『小説』有正順孝經一卷、女孝經一卷、酒孝經一卷」〔三二〕。

私家目録書中，南宋陳振孫的直齋書録解題雜家類著録云：「女誡一卷，漢曹世叔妻班昭撰，固之妹也，俗號女孝經。」〔三三〕陳振孫混淆了班昭女誡和鄭氏女孝經，這一錯誤也被後來的文獻通考所承繼〔三四〕。後世一些書畫藏家將女孝經圖著録爲女誡圖卷，可能就是受此兩書的誤導，所以，四庫館臣特意糾正了陳氏之誤〔三五〕。陳氏之所以産生誤解，可能是由他所見的版本造成的。目前通行的明代以降的女孝經，均由兩部分構成，一是鄭氏進女孝經表，二是十八章正文。表文談的是鄭氏撰寫女孝經的緣由，而正文則是以曹大家即班昭口吻進行叙述。目前所見的女孝經圖中，都只有正文，而没有表文。陳振孫所見之書，可能就只有正文，没有表文，同時，他可能對女孝經一類的女教著作，瞭解也不夠深入，故判斷錯誤。

又，在南宋孫奕所編的履齋示兒編中，「擬聖作經」條曾提到，「唐鄭氏又易爲女孝經」，注云「唐侯莫陳邈妻」，不過，此處針對的是「擬聖作經」現象，未必真正就批閱過其書〔三六〕。

至元代，女孝經已成爲社會中上層婦女習讀的女教書，如元史載，元順帝皇后奇氏就曾閱讀過女孝經，「后無事，則取女孝經、史書，訪問歷代皇后之有賢行者爲法」〔三七〕；吏部尚書偰哲篤夫人偉吾氏，幼時也曾習讀過女孝經，「夫人生而聰慧，稍長，能知書，誦孝經、論語、女孝經、列女傳甚習」〔三八〕。但目前，尚未見有元代女孝經抄本、刻本傳世。

明清時期，女孝經單行本見於著録，但所見甚少，流傳的還主要是叢書本。單行本的綫索有以下幾處：明天啓年間内侍劉若愚所撰内板經書紀略中，著録有「鄭氏女孝經，一本，四十二葉」〔三九〕，可見内府曾刊刻此書。明末清初人錢曾在他的也是園藏書目中，著録有「女孝經一卷」〔四〇〕，在述古堂藏書目録卷五，著録有「女孝經一卷一本」〔四一〕。同時代的徐乾學家藏有女誡和女孝經的合刊本，其傳是樓書目中，著録有「漢曹大家女誡，附唐鄭氏女孝經，一本」〔四二〕。清代單行本十分少見，目前只看到范邦甸等編天一閣書目中，卷三之一子部儒家類有「女孝經一卷，刊本，唐朝散郎程邈妻鄭氏撰並表進，總一十八章，各爲篇目」〔四三〕。

單行本在清代少爲流傳，或也與尹嘉銓文字獄有關。乾隆四十六年（一七八一），尹嘉銓因上奏摺爲父請謚並從祀文廟，見罪於乾隆帝，被處以絞刑，並没收全部家産與所藏書籍，其所作著述與石刻碑文，皆被詔令銷毀。與此同時，軍機處奏請頒行銷毀尹嘉銓書籍清單〔四四〕，女孝經列「應抽毀」書籍之中。其後，各省官員奉旨將轄區内的女孝經，一併上繳抽毀，如湖廣總督舒常、江西巡撫郝碩、陝西總督李侍堯、雲貴總督劉秉恬，都奉旨而行〔四五〕。作爲「應抽毀」書籍，女孝經也被列入清代禁毀書目軍機處奏准抽毀書目中，並附記了抽毀内容及原因，即「女孝經，唐陳邈妻鄭氏撰。尹嘉銓妻李氏序，應抽燬」〔四六〕。李氏爲博取不妒的賢名，欲爲夫聘五十歲仍待字閨中的李孝女爲妾，該事在查處尹嘉銓罪行時，被軍機處斥爲「蕩無廉恥、欺世盗名」之行〔四七〕。

總體而言，明清兩代的女孝經，主要以叢書本形式流傳。明中後期，女孝經與女誡、女論語一起，被收録進一百二十卷本説郛（簡稱重編説郛）。同時又被收入續百川學海、緑窗女史、居家必備三部叢書，這三部書所收女孝經的行款、文字，均與宛委山堂本重編説郛一致。重編説郛本女孝經的版本情況，與重編説郛本的女誡和女論語相同，具體論述，可參看本書附録一女四書集注及其内諸書版本考一文。另有三種刊刻於光緒年間的叢書：光緒二十七年（一九〇一）女兒書輯本，與宛委山堂本重編説郛本内容一致；二十八年（一九〇二）懷潞園叢刊本和三十三年（一九〇七）清麓叢書外編本，均與四庫全書所收説郛本内容一致。另外明人祁承㸁澹生堂藏書目曾著録内訓全書一部，共八種，其中包括「女孝經二卷，唐陳邈妻鄭氏輯」〔四八〕。但内訓全書此後未見流傳。

（二）目前所見的女孝經重要版本

在目前所見的諸版本中，以下幾種具有較高價值，它們或可反映此書在一定地域内的流傳，或校勘精善，有獨特參考價值。

1 藝海彙函本

目前可見的明代最早的女孝經抄本，收録於明抄本藝海彙函中。此書現藏南京圖書館，藍格，白口，十行二十字，四周雙邊。書首有編者梅純正德二年（一五〇七）自序。首册有「曾在鈺如處」、「心香書屋」、「吴尚璁書畫印」、「曾在李鹿山處」等印鑒，第三十册末有墨字「董浦杭大宗校於道古堂」。此書中有兩種筆記的校改痕跡，一爲墨校，一爲朱校。墨校自首至尾均有，朱校僅見於前五册，有朱校在墨校基礎上繼續修改的情況。朱校除對一般誤字校改外，還整體將「琰」改作「炎」，「寧」改作「甯」，可知其校改時間不早於道光朝。

梅純，字一之，别號損齋，應天府人。據（康熙）上元縣志載，他爲成化十七年（一四八一）進士，正德初任中都留守，未三載，以母老乞致政，「生平嗜學不厭，見奇書，嘗解衣購之」，著有損齋集〔四九〕。據藝海彙函梅純自序云：「自登仕途，南北往返三十餘年，凡有所見，輒手録之。日藏月增，積逾百卷，尚慮所收未廣，弗敢裁成。今年過半百，自分衰鈍，於筆札不可復勤，乃發舊藏，删其重複，第其篇章，而定爲十集。」可知其中所收書目，均爲梅純宦遊之餘所收。且這些書既需手自抄録，必爲當時不常見、不易得之書。

是書第七卷收録鄭氏女孝經，篇首有鄭氏女孝經表，正文中倒誤較多，大部分有墨校乙正標記。與流傳較廣的小十三經本相比，此本訛誤之處較多，校勘價值比較有限。

2 小十三經本

明嘉靖年間，顧起經輯刻小十三經，收録女孝經，這是今見年代最早的刊本。國家圖書館、北京大學圖書館、上海圖書館、南京圖書館均有藏本，哈佛燕京圖書館亦藏一部。國家圖書館收藏的小十三經，前有小十三經總目與小十三經序，書籍保存狀況整體較好。女孝經位於該書首册，框長十七點二釐米，高十二點四釐米，半葉十行，行十八字，白口，單魚尾，左右雙邊，版心上方刻「祇洹館」。正文前有唐進女孝經表。此版本訛字和倒誤很少，校勘較爲精善。

顧起經（一五二一——一五七五），字長濟，更字玄緯，無錫人，顧可學嗣子。曾由諸生進補國子上舍，七試鄉試不中。嚴嵩柄國時，顧可學以方藥之術攀附嚴嵩，官至禮部尚書，起經也因之得官廣東鹽課副提舉。又兼署舶務，後遷大寧都司都事，不赴〔五〇〕。

小十三經收録的女孝經來源爲何暫不詳，但有以下兩條綫索值得注意：

其一，王世貞爲顧起經夫婦撰寫的墓誌銘有云：「君居恒鮮他好，益好書，出必五車自隨，而范欽司馬、姚咨逸人、秦柱太學故多藏書，悉出所有以貽，君校讎編識不倦，一切身外悉置之矣。」〔五一〕姚咨和秦柱都是嘉萬時期無錫的著名藏書家，范欽爲寧波府人，但和顧起經之間亦有交遊。小十三經所收通占大象曆星經卷上末題跋云：「予歸嶺經虔臺時，大司馬明州范公以御史大夫節鎮於虔，予入謁之，談及甘石經，公云其家故有之，許攜以示。」〔五二〕此事發生在范欽爲右副都御史、巡撫南贛汀漳諸郡時期，即嘉靖三十八年至三十九年（一五五九—一五六〇）八月間〔五三〕。雖然至通占大象曆星經付梓時，顧起經還没有得到范欽所藏的甘石經，但他們之間的藏書交流，應是確實存在的。

另外，曾收藏「臺北卷」女孝經圖的安國，也是嘉靖年間無錫收藏家。嘉隆間，無錫安氏爲當地巨富，「甲於江左，號『安百萬』」〔五四〕。安國卒於嘉靖十三年（一五三四）〔五五〕，此時顧起經尚未入仕，但顧、安兩家均爲當地望族，顧氏在當時，也有可能得以寓目安氏所藏的女孝經圖。

3 津逮秘書本

明崇禎年間（一六二八—一六四四）由毛晉輯刻，今存世多種。版框長十四點二釐米，高九點三釐米，半葉八行，行十九字，白口，無魚尾，左右雙邊，版心上刻「女孝經」，下刻「汲古閣」。今見通行本津逮秘書，爲民國十一年上海博古齋影印本，凡十五集，共一百四十一種，七百五十一卷。卷首有胡震亨撰題辭與小引、毛晉書津逮秘書序。女孝經位於該叢書的第四集。

值得注意的是，津逮秘書所録文字，與顧起經小十三經相同，兩者可能有前後承襲關係，或有共同源頭。

津逮秘書的書板有兩種來源，一爲胡震亨所刻殘版，二爲毛晉增補部分。胡震亨曾準備刊刻秘册匯函，可惜半毀於大火，殘板被胡氏售與毛晉，毛晉據家藏秘本重新編輯修補，並增加種類，終成津逮秘書〔五六〕。據四庫館臣總結，毛晉增補的書籍，與胡震亨書板的區别在於版心是否刻有「汲古閣」三字〔五七〕，女孝經下刻「汲古閣」，應是毛晉後來增補的。

小十三經所收十三種書，均見於津逮秘書，且版心都刻有「汲古閣」三字。説明這十三種書，並非來自秘册匯函，而是毛晉增補。毛晉家居常熟，顧起經久居無錫，兩地相近，毛晉增補圖書，很可能受到了顧起經小十三經的影響。

4　明萬曆新鐫圖像鄭氏女孝經句解

此書刊刻於明萬曆十八年（一五九〇），是目前所見唯一一部注釋插圖單行本女孝經，現藏日本内閣文庫〔五八〕。板框高約二十二點五釐米，長約十六點三釐米，半葉八行，行十四字，小字雙行同，白口，單魚尾，四周單邊。

該本篇首有程涓所撰序言一篇，書末有注釋者黄治徵所作書女孝經後一篇。序末有「萬曆庚寅正月望吉」，書女孝經後末有「萬曆上章攝提格之歲春三月哉生」，并有「開甫氏」、「三酉堂」、「郊麟」墨方印。程涓和黄治徵在署名時郡望均爲「新都」，但並非指成都府新都縣，而是徽州休寧縣三國時代的古地名新都郡，二人爲休寧縣同鄉。是書爲女孝經和鄭氏女教篇的合刻本，女教篇裝訂於第四章和第五章之間，應是後代裝幀時發生錯誤〔五九〕。鄭氏女教篇的撰者不詳，内容被收入古今圖書集成閨媛典，附於明仁孝文皇后内訓之後〔六〇〕。

此書的獨特之處在於，每章均根據文字内容配有版畫。黄治徵書後云：「楷書圖像，批閲宛然，言同面命，人似起原，如樊如班如姜師氏在側，若妹若驪若夏荼毒在旁，雖宋高之御筆，馬遠之繪章，何以加兹？」此處提到了宋高宗和馬遠的女孝經圖，而前述陸心源著録的高宗書女誡馬遠補圖卷中，恰好有程涓明萬曆十五年（一五八七）題跋。程涓云

「是卷舊爲黄少巖先生得之浙中」，而黄少巖爲何人尚不明確，和黄治徵是否有關係也尚存疑，但無疑黄治徵曾目睹或耳聞高宗、馬遠之女孝經圖，並對他爲女孝經配圖做注釋的行爲，産生了直接影響。

此書注釋極爲詳盡，不光注釋典故和人物，一般字句也進行注釋，事無巨細。如首句「妾聞天地之性」之「妾聞」，即注釋云：「鄭氏自稱，男子稱臣，女子稱妾。」可見此書針對的讀者，可能是文化程度不高的女性。

5 北京大學圖書館藏閨門必讀本

北京大學圖書館收藏的閨門必讀，兩卷，共兩册。板框大小約爲長十五點八釐米、寬十一點一釐米，八行，行十八字，白口，單魚尾，左右雙邊。是書刊刻於羊城古經閣，這是清末廣州雙門底街的一間書坊。其中收書五種，分别爲曹大家女誡、宋若昭女論語、女孝經（烏程嚴衡輯葺）、女小學（烏程嚴衡平叔葺，同邑方應時補注）、女訓内篇（烏程嚴衡平叔葺，同邑方應時補注）。根據中國叢書廣録和中國古籍總目的著録，女小學和女訓内篇僅見於此本閨門必讀。

此書所收女孝經，開篇無進表，正文配有注釋。注釋内容與前述黄治徵所注並不相同，當另有來源。前九章内容與目前通行的文本内容基本相同，後九章文字與通行本差異極大。第十一章中，通行版本爲五刑章，但此版本爲四德章，内容爲德言容功四德，實爲摻入班昭女誡的内容。懷疑此書爲清末書賈所編，前九章來自女孝經，後九章爲攢集地方各種女教書，託名而作。

通過以上的縷析，可以看到，畫卷和文字内容同時流傳，是女孝經異於其他女教書的突出特點。女孝經圖的傳世，讓我們得以窺見宋代文本的原貌，因此具有很高的文字校勘價值。女孝經和女孝經圖在流傳中的差異，反映了閱讀史和書畫史中的性别差異。文本的閱讀者，是居於閨門之内的女性，在以男性視角爲主體的文獻收藏和流傳中，文本女孝經是長期不受男性士人重視的。晚明時期，在女教風氣日漸興盛、出版業迅速發展和在一些學者的有意識收集下，文本女孝經才得以流傳後世。而女孝經圖作爲繪畫作品，在宋代以降的流傳脈絡比較清晰，在繪畫、鑒賞、收藏、流傳的各個環節，都有男性文人士大夫的積極參與。同時，兩者的流傳很可能並不是雙綫並行，而是有所交叉，相互影響。書畫作品和傳世文獻之間的互動關係，值得我們進一步注意。

注　釋

〔一〕張彦遠歷代名畫記卷一叙畫之源流，浙江人民美術出版社，二〇一九年，頁一。

〔二〕佚名著，王群栗點校宣和畫譜卷七，浙江人民美術出版社，二〇一九年，頁七一。

〔三〕宣和畫譜卷七，頁七七。

〔四〕周密撰，鄧子勉點校志雅堂雜鈔卷下圖畫碑帖，中華書局，二〇一八年，頁一四二；周密撰，鄧子勉點校雲煙過眼録卷上喬達之簣成號仲山所藏，中華書局，二〇一八年，頁二三四—二三五。

〔五〕鮮于樞困學齋雜録，知不足齋叢書本，葉二五b。

〔六〕脱脱等金史卷八五完顔璹傳，中華書局，一九七五年，頁一九〇五。

〔七〕王惲秋澗先生大全文集卷七三，四部叢刊初編景明弘治本，葉五a—b。

〔八〕都穆寓意編，清刻奇晉齋叢書本，國家圖書館藏，第三册，葉五八b。

〔九〕吴寬匏翁家藏集卷四八，四部叢刊初編景上海涵芬樓藏明正德刊本，葉五a—b。

〔一〇〕胡儼女孝經圖記，胡祭酒文集卷一七，明隆慶四年李遷刻本，國家圖書館藏，葉一b—二a。

〔一一〕李東陽著，周寅賓編李東陽集文後稿卷一三女孝經圖跋，岳麓書社，二〇〇八年，頁一一〇八。

〔一二〕張照等石渠寶笈卷三六，文淵閣四庫全書本，葉九a—b，上海古籍出版社四庫藝術叢書影印，第二册，一九九一年，頁四三三。

〔一三〕詳見馮志潔從安國看明代藝術品收藏中心的轉移，中國書法，二〇二〇年第五期，頁一五三—一五五。

〔一四〕清室善後委員會編故宫已佚書籍書畫目録三種賞溥傑書畫目，清室善後委員會，一九二六年，頁五七。

〔一五〕詳見Julia K. Murray, "Didactic Art for Women The Ladies' Classic of Filial Piety", in Marsha Weidner ed., *Flowering in the Shadows* (Honolulu: University of Hawaii Press, 1990), p33；何前女孝經圖研究，中央美術學院碩士學位論文，二〇〇九年，頁八；顧田田女孝經圖考辨綜述，中國美術，二〇二〇年第三期，頁一四四—一四九。

〔一六〕張照等石渠寶笈卷三十五，上海古籍出版社四庫藝術叢書影印文淵閣四庫全書本，一九九一年，第二册，頁四二三。

〔一七〕穆益勤宋人女孝經圖卷的作畫年代，故宫博物院院刊，一九六〇年，頁一八三。

〔一八〕余輝韓熙載夜宴圖卷年代考——兼探早期人物畫的鑒定方法，故宫博物院院刊，一九九三年第四期，頁三九。

〔一九〕顧復撰，林虞生點校平生壯觀卷六，上海古籍出版社，二〇一一年，頁二一八。

〔二〇〕平生壯觀，頁二—三。

〔二一〕吴升大觀録卷一一，盧輔聖主編中國書畫全書，第八册，上海書畫出版社，一九九三年，頁三七四—三七六。

〔二二〕宋犖大觀録序，中國書畫全書，第八册，頁一二四。

〔二三〕現在可以見到明清人仿宋畫女孝經圖之例，如收藏於香港利氏北山堂之女孝經圖，與「北京卷」出自同一底本，畫面稍顯呆板，色彩濃艷，上有仿宋元鑒藏家印鑒。此畫曾以宋人女誡圖卷爲名，著録於陳夔麟編寶迂閣書畫録卷一（民國石印本，葉四—五a，歷代書畫録輯刊，第十三册，國家圖書館出版社，二〇〇七年，頁三一九—三二一），二〇一九年於香港中文大學「北山汲古：中國繪畫」展出中展覽。以上信息參考KayiHo：香港中文大學文物館「北山汲古：中國繪畫」展（一）：明清女性題材繪畫與女畫家，漫遊藝術史，二〇一九年九月十二日。

〔二四〕吴其貞撰，邵彦點校書畫記卷四，遼寧教育出版社，二〇〇〇年，頁一六五。

〔二五〕陸一中曹溶鑒藏研究，中國美術學院碩士學位論文，二〇一三年，頁二〇。

〔二六〕古書畫北移是一種現象的描述，其内涵包括書畫本身向北方集中、北方鑒藏家群體活躍、清朝内府收藏的擴大等多方面，亦涉及藏品從明末南方士人到清初新興士大夫的流轉。關於這一問題的論述可參考劉金庫南畫北渡——清代書畫鑒藏中心研究，河北教育出版社，二〇〇八年；李永清初北方士人書畫鑒藏家群體及交往——以孫承澤爲中心的考察，藝術史研究，二〇一六年第三期；劉亞剛清初古書畫「北移」現象之辨，文藝研究，二〇一八年第九期。

〔二七〕龐元濟撰，李保民點校虚齋名畫録，上海古籍出版社，二〇一六年，頁四〇。

〔二八〕虚齋名畫録，頁四三。

〔二九〕陸心源編，陳小琳點校穰梨館過眼録卷二，上海書畫出版社，二〇一八年，頁三三三—三三六。

〔三〇〕夏文彦圖繪寶鑑卷四，元至正二十六年刻本，上海圖書館藏，葉二〇b。

〔三一〕趙伯駒女孝經圖於一九八九年被佳士得拍賣行拍賣，拍賣記録詳見 *Important Classical Chinese Paintings*, Christie's(New York), 1989. 12. 4, LotNo. 20, pp. 40—42.

〔三二〕王應麟撰，武秀成、趙庶洋校證玉海藝文校證卷七，鳳凰出版社，二〇一三年，頁三二一。

〔三三〕陳振孫直齋書録解題卷十雜家類，上海古籍出版社，二〇一五年，頁三〇三。

〔三四〕馬端臨文獻通考卷二〇四經籍考雜家，中華書局，二〇一一年，頁五九九五。

〔三五〕永瑢等四庫全書總目卷九五子部五儒家類存目一，中華書局影印浙江刊本，一九六五年，頁八〇一。

〔三六〕孫奕撰，唐子恒點校新刊履齋示兒編卷七文説，鳳凰出版社，二〇一七年，頁七九。

〔三七〕宋濂等元史卷一一四完者忽都傳，中華書局，一九七六年，頁二八八〇。

〔三八〕黄溍魏郡夫人偉吾氏墓誌銘，金華黄先生文集卷三九，梁溪孫氏小緑天藏景元寫本，四部叢刊初編，葉一七 a。

〔三九〕劉若愚内板經書紀略，吴氏雙照樓刊松鄰叢書本，宋元明清書目題跋叢刊（明代卷），第三册，頁二〇三。

〔四〇〕錢曾也是園藏書目卷五，歸安姚氏咫進齋鈔本，葉一 b，中國著名藏書家書目彙刊（明清卷），第十六册，商務印書館，二〇〇五年，頁六八。

〔四一〕錢曾錢遵王述古堂藏書目録卷五，民國七略盦抄本，葉四 a，中國著名藏書家書目彙刊（明清卷），第十六册，頁三三一。

〔四二〕徐乾學傳是樓書目，民國四年鉛印二徐書目合刻本，子部葉一b，中國著名藏書家書目彙刊（明清卷），第十八册，商務印書館，二〇〇五年，頁一四六。

〔四三〕范欽藏，范邦甸等編天一閣書目卷三之一，嘉慶十三年揚州阮氏文選樓刻本，葉四a，中國著名藏書家書目彙刊（明清卷），第三册，頁九。

〔四四〕上海書店出版社編清代文字獄檔第六輯乾隆四十六年五月十三日軍機處應行銷毁尹嘉銓書籍奏，上海書店出版社，二〇〇七年，頁三七八—三八二。

〔四五〕清代文字獄檔第六輯，頁三八四、三八八、三九七、四〇二。

〔四六〕姚覲元清代禁毁書目（附補遺）禁書總目應毁尹嘉銓編纂各書，商務印書館，一九五七年，頁九六。

〔四七〕清代文字獄檔第六輯乾隆四十六年四月十七日三寶等奏會審尹嘉銓口供摺，頁三七〇。

〔四八〕祁承㸁澹生堂藏書目卷二，清光緒間會稽徐氏刊紹興先正遺書本，宋元明清書目題跋叢刊（明代卷），第二册，頁一六四。

〔四九〕唐開陶（康熙）上元縣志卷一八，康熙六十年刻本，葉一一b，復旦大學圖書館藏稀見方志叢刊，第三册，頁五五四。

〔五〇〕王世貞大寧都指揮使司都事九霞顧君暨配盛孺人合葬誌銘，弇州山人續稿卷一一六，明萬曆刻本，天津圖書館藏，葉一七—二四。

〔五一〕大寧都指揮使司都事九霞顧君暨配盛孺人合葬誌銘，葉二一a。

〔五二〕通占大象曆星經卷上，國家圖書館藏小十三經本，葉二三b。

〔五三〕談遷著，張宗祥點校國榷卷六二，中華書局，一九五八年，頁三九一三；卷六三，頁三九四五。

〔五四〕王應奎撰，王彬、嚴英俊點校柳南隨筆卷三，中華書局，一九八三年，頁五二。

〔五五〕嚴嵩安處士墓表，鈐山堂集卷三一，明嘉靖二十四年刻本，國家圖書館藏，葉十b。

〔五六〕毛晉汲古閣書跋津逮秘書，上海古籍出版社，二〇〇五年，頁一二四。

〔五七〕四庫全書總目卷一三四雜編津逮秘書，頁一一三八。

〔五八〕最早注意到這個版本並進行介紹的是山崎純一，見氏文關於兩部女訓書女論語和女孝經的基礎研究，載於鄧小南編唐宋女性與社會，上海辭書出版社，二〇〇三年，頁一六三。

〔五九〕關於鄭氏女教篇，胡文楷歷代婦女著作考記：「女教篇，明鄭氏撰，然脂集著録。鄭氏女教篇，然脂集稱見宮闈文史。古今圖書集成閨媛典總部亦載此文，惜無小傳。圖書集成列於徐皇后內訓後，當爲明人。」胡文楷、張宏升歷代婦女著作考卷六明代二，上海古籍出版社，二〇〇三年，頁二〇〇。

〔六〇〕陳夢雷編古今圖書集成明倫彙編閨媛典卷三，中華書局一九三四年影印版，第三九五冊，葉一四。

附録二　女四書相關史料

女誡

後漢書卷七四列女傳曹世叔妻：

扶風曹世叔妻者，同郡班彪之女也，名昭，字惠班，一名姬。博學高才。世叔早卒，有節行法度。兄固著漢書，其八表及天文志未及竟而卒，和帝詔昭就東觀臧書閣踵而成之。帝數召入宫，令皇后諸貴人師事焉，號曰大家。每有貢獻異物，輒詔大家作賦頌。及鄧太后臨朝，與聞政事。以出入之勤，特封子成關内侯，官至齊相。時漢書始出，多未能通者，同郡馬融伏於閣下，從昭受讀，後又詔融兄續繼昭成之。

永初中，太后兄大將軍鄧騭以母憂，上書乞身，太后不欲許，以問昭。昭因上疏曰：「伏惟皇太后陛下，躬盛德之美，隆唐虞之政，闢四門而開四聰，采狂夫之瞽言，納芻蕘之謀慮。妾昭得以愚朽，身當盛明，敢不披露肝膽，以效萬一。妾聞謙讓之風，德莫大焉，故典墳述美，神祇降福。昔夷齊去國，天下服其廉高；太伯違邠，孔子稱爲三讓。所以光昭令德，揚名于後者也。論語曰：『能以禮讓爲國，於從政乎何有。』由是言之，推讓之誠，其致遠矣。今四舅深執忠孝，引身自退，而以方垂未静，拒而不許；如後有毫毛加於今日，誠恐推讓之名不可再得。緣見逮及，故敢昧死竭其愚情。自知言不足采，以示蟲螘之赤心。」太后從而許之。於是騭等各還里第焉。

作女誡七篇，有助内訓。其辭曰：……

馬融善之，令妻女習焉。

昭女妹曹豐生，亦有才惠，爲書以難之，辭有可觀。

昭年七十餘卒，皇太后素服舉哀，使者監護喪事。所著賦、頌、銘、誄、問、注、哀辭、書、論、上疏、遺令，凡十六篇。子婦丁氏爲撰集之，又作大家讚焉。

内訓

明史卷一一三后妃傳一成祖仁孝徐皇后：

成祖仁孝皇后徐氏，中山王達長女也。幼貞静，好讀書，稱女諸生。太祖聞后賢淑，召達謂曰：「朕與卿，布衣交也。古君臣相契者，率爲婚姻。卿有令女，其以朕子棣配焉。」達頓首謝。

洪武九年册爲燕王妃。高皇后深愛之。從王之藩，居孝慈高皇后喪三年，蔬食如禮。高皇后遺言可誦者，后一一舉之不遺。

靖難兵起，王襲大寧，李景隆乘間進圍北平。時仁宗以世子居守，凡部分備禦，多稟命於后。景隆攻城急，城中兵少，后激勸將校士民妻，皆授甲登陴拒守，城卒以全。

王即帝位，册爲皇后。言：「南北每年戰鬭，兵民疲敝，宜與休息。」又言：「當世賢才皆高皇帝所遺，陛下不宜以新舊間。」又言：「帝堯施仁自親始。」帝輒嘉納焉。初，后弟增壽常以國情輸之燕，爲惠帝所誅，至是欲贈爵，后力言不可。帝不聽，竟封定國公，命其子景昌襲，乃以告后。后曰：「非妾志也。」終弗謝。嘗言漢、趙二王性不順，官僚宜擇廷臣兼署之。一日，問：「陛下誰與圖治者？」帝曰：「六卿理政務，翰林職論思。」后因請悉召見其命婦，賜冠服鈔幣。諭曰：「婦之事夫，奚止饋食衣服而已，必有助焉。朋友之言，有從有違，夫婦之言，婉順易入。吾旦夕侍上，惟以生民爲念，汝曹勉之。」嘗採女憲、女誡作内訓二十篇，又類編古人嘉言善行，作勸善書，頒行天下。

永樂五年七月，疾革，惟勸帝愛惜百姓，廣求賢才，恩禮宗室，毋驕畜外家。又告皇太子：曩者北平將校妻爲我荷戈城守，恨未獲隨皇帝北巡，一賚卹之也。是月乙卯崩，年四十有六。帝悲慟，爲薦大齋於靈谷、天禧二寺，聽群臣致祭，光禄爲具物。十月甲午，謚曰仁孝皇后。七年營壽陵於昌平之天壽山，又四年而陵成，以后葬焉，即長陵也。帝亦不復立后。仁宗即位，上尊謚曰仁孝慈懿誠明莊獻配天齊聖文皇后，祔太廟。

明史卷三二二外國傳三日本：

（永樂）五年、六年頻入貢……請賜仁孝皇后所製勸善、内訓二書，即命各給百本。

女論語

舊唐書卷五二后妃傳下女學士尚宫宋氏：

女學士、尚宫宋氏者，名若昭，貝州清陽人。父庭芬，世爲儒學，至庭芬有詞藻。生五女，皆聰惠，庭芬始教以經藝，既而課爲詩賦，年未及笄，皆能屬文。長曰若莘，次曰若昭、若倫、若憲、若荀。若莘、若昭文尤淡麗，性復貞素閑雅，不尚紛華之飾。嘗白父母，誓不從人，願以藝學揚名顯親。若莘教誨四妹，有如嚴師。著女論語十篇，其言模仿論語，以韋逞母宣文君宋氏代仲尼，以曹大家等代顔、閔，其間問答，悉以婦道所尚。若昭注解，皆有理致。貞元四年，昭義節度使李抱真表薦以聞。德宗俱召入宫，試以詩賦，兼問經史中大義，深加賞歎。德宗能詩，與侍臣唱和相屬，亦令若莘姊妹應制。每進御，無不稱善。嘉其節概不群，不以宫妾遇之，呼爲學士先生。庭芬起家受饒州司馬，習藝館内，敕賜第一區，給俸料。

元和末，若莘卒，贈河内郡君。自貞元七年已後，宫中記注簿籍，若莘掌其事。穆宗復令若昭代司其職，拜尚宫。姊妹中，若昭尤通曉人事，自憲、穆、敬三帝，皆呼爲先生，六宫嬪媛、諸王、公主、駙馬皆師之，爲之致敬。進封梁國夫人。寶曆初卒，將葬，詔所司供鹵簿。敬宗復令若憲代司宫籍。文宗好文，以若憲善屬文，能論議奏對，尤重之。

大和中，神策中尉王守澄用事，委信翼城醫人鄭注、賊臣李訓，干竊時權。訓、注惡宰相李宗閔、李德裕，構宗閔險邪，爲吏部侍郎時，令駙馬都尉沈㬢通賂於若憲，求爲宰相。文宗怒，貶宗閔爲潮州司户，㬢柳州司馬，幽若憲於外第，賜死。若憲弟姪女婿等連坐者十三人，皆流嶺表。李訓敗，文宗悟其誣構，深惜其才。若倫、若荀早卒。

新唐書卷七七后妃傳下尚宫宋若昭：

尚宫宋若昭，貝州清陽人，世以儒聞。父廷芬，能辭章，生五女，皆警慧，善屬文。長若莘，次若昭、若倫、若憲、若荀。莘、昭文尤高。皆性素潔，鄙薰澤靚妝，不願歸人，欲以學名家，家亦不欲與寒鄉凡裔爲姻對，聽其學。若莘誨諸妹如嚴師，著女論語十篇，大抵準論語，以韋宣文君代孔子，曹大家等爲顔、冉，推明婦道所宜。若昭又爲傳申釋之。

貞元中，昭義節度使李抱真表其才，德宗召入禁中，試文章，并問經史大誼，帝咨美，悉留宫中。帝能詩，每與侍臣賡和，五人者皆預，凡進御，未嘗不蒙賞。又高其風操，不以妾侍命之，呼學士。擢其父饒州司馬、習藝館内教，賜第一區，加穀帛。

元和末，若莘卒，贈河内郡君。自貞元七年，祕禁圖籍，詔若莘總領，穆宗以若昭尤通練，拜尚宫，嗣若莘所職。歷憲、穆、敬三朝，皆呼先生，后妃與諸王、主率以師禮見。寶曆初卒，贈梁國夫人，以鹵簿葬。

若憲代司祕書，文宗尚學，以若憲善屬辭，粹論議，尤禮之。大和中，李訓、鄭注用事，惡宰相李宗閔，譖言因駙馬都尉沈𧫒厚賂若憲求執政。帝怒，幽若憲外第，賜死，家屬徙嶺南。訓、注敗，帝悟其讒，追恨之。

若倫、若荀早卒。廷芬男獨愚不可教，爲民終身。

大唐内學士廣平宋氏墓誌銘并序：

從姪朝議郎守中書舍人翰林學士上柱國賜紫金魚袋申錫撰。

姪女婿朝散大夫行揚州大都督府法曹參軍翰林學士院待詔上柱國賜魚袋徐幼文書。

有唐内學士，字若昭，廣平第五房之孫、贈大理府君諱庭芬之第二女也。春秋六十八，大和戊申歲七月廿七日屬纊於大明宫，就殯於永穆道觀，以其年十一月八日祔葬於萬年縣鳳栖原先塋，禮也。大理之父諱敏，官贈秘書少監。秘監之父諱仁永，宦止萊州録事參軍，皆高陽公之胤緒也。徽猷懿範，代業人物，聞於諸父伯仲，故得以撰述。原夫積善之慶，集於大理府君，而位不顯於代，固清粹之氣，降鍾女德。府君有五女，咸酷嗜文學，貫穿墳史，約先儒旨要，撰女論語廿篇。其發爲詞華，著於翰簡，雖班謝之家，不能過也。貞元四年，嘗從先大理客於上黨，節將李尚書抱真，録其所著書與所業之文，列狀慰薦。

德宗在位，方敦尚辭學，彤管女史之職，尤愛其才，即日降詔，疾徵姊妹五人。傳乘而入，引謁内殿。禮容閒雅，繇是錫以學士之號。時更六朝，代余三紀。後宮嬪御之傳授，四方表奏之典綜，顧問啓付，動成師法。

穆宗之在春宮，獨以經訓講貫左右。大明繼照，益用加敬。至於危言亮節，密勿匡飭，皆自信於心，不形於外，故不得而知也。廢床之日，贈襚之外，主辦於令弟前太子宮門郎稷，哀敬加於人，葬祭中於禮。山東之風，罔或失墜。用刻貞石，實於幽壤。銘曰：

輝顯吾門，綿屬靈光。宜生德賢，弈代熾昌。不爲公侯，亦絅錦裳。全集女師，左右穆皇。履道無跡，出言□□。彤管是承，青簡流芳。秦原蒼蒼，潏水湯湯。安神於兹，唯□□□。

女範捷録

王相女四書女範捷録前附作者小傳：

先慈劉氏，江寧人，幼善屬文，先嚴集敬公之元配也。三十而先嚴卒，苦節六十年，壽九十歲。南宗伯王光復、大中丞鄭濳庵兩先生皆旌其門。所著有古今女鑑及女範捷録行世。

女孝經

唐大詔令集卷四〇諸王册妃册永王侯莫陳妃文：

維開元二十六年，歲次戊寅，正月庚午朔，十八日丁亥，皇帝若曰：「於戲！燕翼之訓，實屬於維城；婚姻之禮，必求於宜室。咨爾右羽林軍長侯莫陳超第五女，天資清懿，性與賢明，衣冠之緒，克禀於門德；環珮之容，備詳於閨訓。是賴尚柔之質，以弘樂善之心，宜配藩維，用膺典册。今遣使金紫光禄大夫、兵部尚書兼中書令、集賢院學士、修國史、上柱國、晉國公李林甫，副使中大夫、中書侍郎、集賢院學士、上柱國徐安貞，持節册爾爲永王妃。爾其虔恭所職，淑慎其儀，惟德是修，以承休命。可不慎歟！」

四庫全書總目卷九五子部五儒家類存目一：

女孝經一卷，内府藏本，唐鄭氏撰。鄭氏，朝散郎侯莫陳邈之妻。侯莫陳，三字複姓也。前載進書表，稱姪女策爲永王妃，因作此以戒。唐書藝文志不載，宋史藝文志始載之。宣和畫譜載，孟昶時有石恪畫女孝經像八，則五代時乃盛行於世也。其書仿孝經分十八章，章首皆假班大家以立言。進表所謂不敢自專，因以班大家爲主，其文甚明，陳振孫書録解題直以爲班昭所撰，誤之甚矣。